普通高等教育工业设计专业"十二五"规划教材

产品改良设计

主 编 唐 智

副主编 王生泽 张 捷 蔡萌亚

中国水利水电出版社
www.waterpub.com.cn

内 容 提 要

本书较全面地论述了产品改良设计的基本理论、设计方法和实践操作。全书共5章，第1章产品信息采样、第2章形态语言的设计要素、第3章应用"寻点网格画法"的产品改良平台构建、第4章产品断面扫描法对产品的改良、第5章寻线设计方法改良。

本书适用于工业设计和产品设计专业的师生作为基础课教材，也可供有兴趣的读者作为参考。

图书在版编目（ＣＩＰ）数据

产品改良设计 / 唐智主编. -- 北京 ：中国水利水
电出版社，2012.8(2018.7重印)
普通高等教育工业设计专业"十二五"规划教材
ISBN 978-7-5170-0140-9

Ⅰ．①产… Ⅱ．①唐… Ⅲ．①工业产品－产品设计－
高等学校－教材 Ⅳ．①TB472

中国版本图书馆CIP数据核字(2012)第207008号

书　　名	普通高等教育工业设计专业"十二五"规划教材 **产品改良设计**	
作　　者	主编　唐智　副主编　王生泽　张捷　蔡萌亚	
出版发行	中国水利水电出版社 （北京市海淀区玉渊潭南路1号D座　100038） 网址：www.waterpub.com.cn E-mail：sales@waterpub.com.cn 电话：（010）68367658（营销中心）	
经　　售	北京科水图书销售中心（零售） 电话：（010）88383994、63202643、68545874 全国各地新华书店和相关出版物销售网点	
排　　版	北京时代澄宇科技有限公司	
印　　刷	天津嘉恒印务有限公司	
规　　格	210mm×285mm　16开本　7.5印张　190千字	
版　　次	2012年8月第1版　　2018年7月第4次印刷	
印　　数	7001—9000册	
定　　价	32.00元	

丛书编写委员会

主任委员： 刘振生　李世国

委　　员：（按拼音排序）

序

Foreword

  工业设计的专业特征体现在其学科的综合性、多元性及系统复杂性上，设计创新需符合多维度的要求，如用户需求、技术规则、经济条件、文化诉求、管理模式及战略方向等，许许多多的因素影响着设计创新的成败，较之艺术设计领域的其他学科，工业设计专业对设计人才的思维方式、知识结构、掌握的研究与分析方法、运用专业工具的能力，都有更高的要求，特别是现代工业设计的发展，在不断向更深层次延伸，愈来愈呈现出与其他更多学科交叉、融合的趋势。通用设计、可持续设计、服务设计、情感化设计等设计的前沿领域，均表现出学科大融合的特征，这种设计发展趋势要求我们对传统的工业设计教育做出改变。同传统设计教育的重技巧、经验传授，重感性直觉与灵感产生的培养训练有所不同，现代工业设计教育更加重视知识产生的背景、创新过程、思维方式、运用方法，以及培养学生的创造能力和研究能力，因为工业设计人才的能力是发现问题的能力、分析问题的能力和解决问题的能力综合构成的，具体地讲就是选择吸收信息的能力、主体性研究问题的能力、逻辑性演绎新概念的能力、组织与人际关系的协调能力。学生们这些能力的获得，源于系统科学的课程体系和渐进式学程设计。十分高兴的是，即将由中国水利水电出版社出版的"普通高等教育工业设计专业'十二五'规划教材"，有针对性地为工业设计课程教学的教师和学生增加了学科前沿的理论、观念及研究方法等方面的知识，为通过专业课程教学提高学生的综合素质提供了基础素材。

  这套教材从工业设计学科的理论建构、知识体系、专业方法与技能的整体角度，建构了系统、完整的专业课程框架，此一种框架既可以被应用于设计院校的工业设计学科整体课程构建与组织，也可以应用于工业设计课程的专项知识与技能的传授与培训，使学习工业设计的学生能够通过系统性的课程学习，以基于探究式的项目训练为主导、社会化学习的认知过程，学习和理解工业设计学科的理论观念，掌握设计创新活动的程序方法，构建支持创新的知识体系并在项目实践中完善设计技能，"活化"知识。同时，这套教材也为国内众多的设计院校提供了专业课程教学的整体框架、具体的课程教学内容以及学生学习的途径与方法。

  这套教材的主要成因，缘起于国家及社会对高质量创新型设计人才的需求，以及目前我国新设工业设计专业院校现实的需要。在过去的二十余年里，我国新增数百所设立工业设计专业的高等院校，在校学习工业设计的学生人数众多，亟须系统、规范的教材为专业教学提供支撑，因为设计创新是高度复杂的活动，需要设计者集创造力、分析力、经验、技巧和跨学科的知识于一起，才能走上成功的路径。这样的人才培养目标，需要我们的设计院校在教育理念和哲学思考上做出改变，以学习者为核心，所有的教学活动围绕学生个体的成长，在专业教学中，以增进学生们的创造力为目标，以工业设计学科的基本结构为教学基础内容，以促进学生再发现为学习的途径，以深层化学习为方法、以跨学科探究为手段、以个性化的互动为教学方式，使我们的学生在高校的学习中获得工业设计理论观念、专业精神、知识技能以及国际化视野。这套教材是实现这个教育目标的基石，好的教材结合教师合理的学程设计能够极大地提高学生们的学习效率。

改革开放以来，中国的发展速度令世界瞩目，取得了前人无以比拟的成就，但我们应当清醒地认识到，这是以量为基础的发展，我们的产品在国际市场上还显得竞争力不足，企业的设计与研发能力薄弱，产品的设计水平同国际先进水平仍有差距。今后我国要实现以高新技术产业为先导的新型产业结构，在质量上同发达国家竞争，企业只有通过设计的战略功能和创新的技术突破，创造出更多、自主品牌价值，才能使中国品牌走向世界并赢得国际市场，中国企业也才能成为具有世界性影响的企业。而要实现这一目标，关键是人才的培养，需要我们的高等教育能够为社会提供高质量的创新设计人才。

从经济社会发展的角度来看，全球经济一体化的进程，对世界各主要经济体的社会、政治、经济产生了持续变革的压力，全球化的市场为企业发展提供了广阔的拓展空间，同时也使商业环境中的竞争更趋于激烈。新的技术及新的产品形式不断产生，每个企业都要进行持续的创新，以适应未来趋势的剧烈变化，在竞争的商业环境中确立自己的位置。在这样变革的压力下，每个企业都将设计创新作为应对竞争压力的手段，相应地对工业设计人员的综合能力有了更高的要求，包括创新能力、系统思考能力、知识整合能力、表达能力、团队协作能力及使用专业工具与方法的能力。这样的设计人才规格诉求，是我们的工业设计教育必须努力的方向。

从宏观上讲，工业设计人才培养的重要性，涉及的不仅是高校的专业教学质量提升，也不仅是设计产业的发展和企业的效益与生存，它更代表了中国未来发展的全民利益，工业设计的发展与时俱进，设计的理念和价值已经渗入人类社会生活的方方面面。在生产领域，设计创新赋予企业以科学和充满活力的产品研发与管理机制；在商业流通领域，设计创新提供经济持续发展的动力和契机；在物质生活领域，设计创新引导民众健康的消费理念和生活方式；在精神生活领域，设计创新传播时代先进文化与科技知识并激发民众的创造力。今后，设计创新活动将变得更加重要和普及，工业设计教育者以及从事设计活动的组织在今天和将来都承担着文化和社会责任。

中国目前每年从各类院校中走出数量庞大的工业设计专业毕业生，这反映了国家在社会、经济以及文化领域等方面发展建设的现实需要，大量的学习过设计创新的年轻人在各行各业中发挥着他们的才干，这是一个很好的起点。中国要由制造型国家发展成为创新型国家，还需要大量的、更高质量的、充满创造热情的创新设计人才，人才培养的主体在大学，中国的高等院校要为未来的社会发展提供人才输出和储备，一切目标的实现皆始于教育。期望这套教材能够为在校学习工业设计的学生及工业设计教育者提供参考素材，也期望设计教育与课程学习的实践者，能够在教学应用中对它做出发展和创新。教材仅是应用工具，是专业课程教学的组成部分之一，好的教学效果更多的还是来自于教师正确的教学理念、合理的教学策略及同学习者的良性互动方式上。

2011 年 5 月

于清华大学美术学院

前言
Preface

2005年是我作为教师工作在东华大学的第一年，我是从计算机辅助设计的教学工作开始的，然后又陆续教授设计与表现、产品集成化设计等课程。一晃7年过去，时间并没有让我对这门专业有所倦怠，反而慢慢地发现我对工业设计有了更进一步的认识，这其中一个很重要的原因我想应该主要归结于我所工作的东华大学机械工程学院，在这里我慢慢地开始学习更多的用工程的角度去思考设计的问题，同时也用感性的思维让理性更具活力。

其实设计与工程结合在国内已有30多年的历史，首先很多院校的生源都是艺、文、理兼收，在专业设置上除了典型的设计学院很多也都依附于机械和计算机这些典型的工程学院，在课程设计上又都涵盖大量的工科课程，东华大学便是其中的一个典型，20多年来我们的很多毕业生也都活跃在设计的一线。近期教育部刚刚将艺术规划成新增的第13个学科门类，艺术与设计作为一级学科也可以同时颁发艺术和工科的文凭，可以感觉出这其中的微妙之处。纵观历史，几乎任何一个学科只要搭上理学的平台都能在不长的时间内成为显学，像现在如火如荼的管理学、经济学等。经常会读经济学家张五常先生的作品，他在对过去的回忆中曾说，现在的经济学家必须学数，似乎一篇文章中没有简洁优雅的数学公式就算不得是一名成功的经济学家。张五常老先生自己其实可以用数学的方式表达问题，但是在他的文章中更多的却是在用浅显意赅的语言去表达思想。前几天听一名刚从加拿大学习回来的博士生答辩，一位老教授问他从国外学了什么新东西回来，那位博士兴奋地说："我看了很多专著，我发现国外的专著都是能让人读下去的，不像国内很多专家的书一打开就被里面的数学公式吓倒了。"我作为一名旁听者感触很深，也明白这名博士的意思，所以在本教材撰写之时坚持将可读性作为全书的宗旨。工业设计作为一个朝阳专业确实有很多值得创新的内容，从国家层面上对其提出的艺术与工程齐飞的愿望我们也非常理解，但我感觉现在其实最重要的是建立这门专业自己的"语言"。

我在英国念硕士的很多课程内容都忘了，但是导师讲过的工业设计的三个核心内容我始终记得——美学、结构、人机。时至今日，我还是觉得这三个核心总结得很好。但另一个层面，我也感受到这其中的问题，那就是工业设计缺少自己独立的语言和包容其他学科的方式。说到美学，我们会用纯艺术的方式教授学生；说到结构，我们会用工程的方式给学生上课，但是为什么我们不能用工程的方式理解艺术或用艺术的方式理解工程？本人能力有限，提出这个问题的同时，也隐约感觉到前面的道路坎坷，有一次在给工程硕士上课时，课堂上都是已经有多年工作经验的设计师，其中有一名精通Alias建模的汽车设计师。课余之时，我问他工程软件中表达一条曲线的方法有很多种，无非就是准确度问题，但是一个线条最优雅的放置位置应该在哪里呢？这个设计师说这个很难讲，主要还是凭经验吧，线条的或高或低，或左或右需要尝试。答者漫不经心，但也正说明问题所在，大多数的设计师都已习惯了这样的一个现状，工程工具在不停地更新换代，但设计的思维方式依然故我，而无疑传统的感性设计思维又是明显强调个性和不注重效率，如果一门学科在生产活动中不能显著地提高效率，那么它的生命力和价值都会受到质疑，这也是很多当代设计师的尴尬之处，也是设计类专业毕业生就业率提高的瓶颈。

问题其实已经提出，只是待人解决，如果工业设计缺少其特有的语言，那后面的道路依然曲折。非常感谢我博士阶段的导师王生泽教授，他是一个"明白人"，在这几年中一直鼓励我尝试用新的语言去融合艺术和工程这两种内容，所以我坚持认为这本教材中的"干货"是设计方法相关的内容，也是我们这几年在工作、学习中总结出的内容。

本书第 1、2 章由唐智、张捷编写；第 3 章由唐智、王生泽、蔡萌亚编写；第 4、5 章由唐智、王生泽编写。在本教材编写过程中，郝月明、孙博、陈雯、王惟、姜以昊、赵伟等同学提供了大量且卓有成效的工作。书中内容在我校本科的教学中涉及从二年级到四年级的本科生，也同时应用在一年级的研究生课程上（主要是基于产品改良方法的延伸应用），所以我在本书中提供了手绘和软件两种改良手段，但并不影响对理论核心内容的理解。不过因本人学识有限，撰写内容难免有瑕疵，这也曾让我深深困扰于这本教材的出版与否，所以这里更要感谢鼓励我出版此书的中国水利水电出版社。感谢之余，只能努力工作，用有价值的内容回馈读者和所有对此书有帮助的同仁，也欢迎广大读者批评指正。

编者

2012 年 5 月

目 录
Contents

绪　论

很久以来，我一直觉得设计一个全新的产品并不是一件太难的事情，但是把一个现有的产品改良得更好却很困难。这也许就像创世界纪录易而破世界纪录难一样的道理吧。有些人或许会说难道原创性产品就不难么？其实回望过去，在茫茫的人类历史上我们又有过多少次真正的原创性产品呢！就拿手机来说，自第一部手机诞生以来，它的基本形态和功能就没有发生过真正意义上的变化，如果用专利申请的名称来说，就是类似于便携式手持语音通话信息传输设备。这件产品在过去的几十年中也成就了摩托罗拉、诺基亚、苹果等公司，甚至芬兰曾经 50% 以上的 GDP 都来自于诺基亚。所以就这点来说，找到好的产品，并对其再设计无疑会是工业设计师永恒的主题。

很多人做设计喜欢做新款型号产品，而不喜欢做改良型换代产品，我认为这其实一点也不奇怪。一款新型号产品的诞生通常是因为一种新的客户细分市场或一种新的产品技术突破，在产品发行之初通常有投石问路的感觉，销售情况好说明新产品创意点被消费者接受，销售情况不好也代表了公司对产品线锐意开拓的精神，毕竟在产品线开发过程中不如意之事十之八九还是很正常的。另外从产品开发难度上，新产品也明显有更大的发挥空间，设计师不需要和消费者做太多的妥协，也不需要承担更多的心理压力，设计师的创意和能力也就有了更大的发挥空间。

相对于已有的产品序列而言，新型号产品的开发更具机遇和挑战性。在一般条件下，有三种可能的情况，最好的情况是产品在投入市场之初反映不错，缺点一定有但优点更为明显。这个时候管理层需要做的就是迅速开始产品的系列化过程，利用现有产品的模具、结构和生产线对新产品取长补短，同时利用现有生产力铺天盖地地推出系列化升级产品。1999 年三星公司推出的基于 MP3 技术的 Yepp 音乐播放器就是典型的案例，虽然音乐质量有所损失，但对于绝大多数消费者来说，可以花很少的钱随时从网上获得歌曲并自行灌制音乐的优势让 Yepp 一下就占领了这个新产品市场，这让索尼和松下这些音乐播放器生产巨头着实吓了一跳。这个过程严格说来应该是一个企业战略管理的问题，工业设计在其中只是一种推波助澜的手段，但意义非凡，三星公司就将工业设计作为公司的核心战略。

中间的情况则比较难受，新产品的推出迅速产生一批忠实的小众粉丝，而产品的口碑不能说好也不能说不好，表扬的声音令人鼓舞，但批评的声音也此起彼伏。在这种情况下是否还要对产品序列进行推进需要综合其他各方面的因素。还有一种情况是小众赞许，大众普遍沉默。2003 年迪卡侬（Decathlon）系列运动产品刚进入中国就碰到这个问题，凡是接触过该产品的消费者很多都成了该品牌的忠实客户，但是因为品牌的陌生感和产品的专业性让很多消费者并不了解这个品牌和相关产品，这种情况下就要考验管理层的智慧，是进一步开拓市场还是像芭比娃娃一样干脆退出中国，其实也许有人会说芭比不好，但我们都知道价格昂贵和盗版产品的泛滥是芭比在中国市场的主要阻力，而这两个因素竟互成生存条件，如果价格不高又怎能和盗版产品产生区别，如果没有高价格又哪里会有盗版的动力。如果从提高产品的技术难度出发，现在就连以技术起家的西铁城都因为广州泛滥的盗版手表头疼，头疼的原因竟然是连西铁城的技术人员也对盗版开发者掌握的"光动能"技术惊叹不已。所以在这种情况下批量地整合新产品，不断地创造新技术，充分利用资金、技术、品牌的优势掌控市场才是王道，但能拥有这种能力和意识的企业又有几家呢！

最坏的情况可能就是新产品推出后就像石沉大海一样，激不起市场的反应又或者招来骂声一片。就我来看这两种状况并没有什么分别，这样的产品毫无生机，让它继续给公司带来负面影响还不如马上就将其剔除出公司产品序列来得好。

就公司战略来说，适度地推出新品牌和新产品是公司制胜于未来的重要条件，也往往最吸引大众的眼球，但就公司的生存和发展来说，维护现有的产品序列才是保证企业利润率的大事。产品的系列化改良设计有两个前提条件：首先，企业必须有自己完整的产品系列，这不只是针对低中高端市场这么简单，而是更为广泛地通过技术特点、市场细分、产品整合特征等将产品序列化，这中间同一种类型产品可能会包括十几个序列，上百种具体型号的产品，所以有完整的产品规划是产品系列升级的前提。然后系列化产品的改良设计通常要围绕现有的产品子品牌而开展，制造工艺、新的形态特征、产品色彩模式等都是产品改良的要素，市场通常会告诉我们那些隐含着的潜在信息，所以有针对性地进行改良升级会进一步巩固同级产品的市场占有率，否则失去市场的情况在历史上也屡见不鲜。产品的系列升级并不一定需要重新对产品序列进行设定，包括我们国家在内对产品型号命名方式和排序都有严格的规定和国家标准，通常业内人士看到产品型号名称都可以读懂产品的基本信息。例如汽车的具体型号和排量、车门开启方式等有着一定的关系。

产品在投入市场一段时间后，改良性升级通常是必不可少的，例如现在市场占有率比较高的同级车雅阁和凯美瑞都已分别升级到 8 代和 7 代，虽然最早的车款和现在的车款早已千差万别，但产品子品牌名称通常不会发生变化。这样做虽然会在一定程度上减低新产品上市对现有市场的冲击，但也在一定程度上妨碍了企业对新产品的尝试，甚至会出现不同企业的同级产品设计越发相似的情况。中国国内市场和国外市场情况并不完全一样，我们的消费者通常被商家引导，产品的现有市场占有率和政府采购行为通常也会极大地影响产品市场，就像在中国比较成功的奥迪，虽然政府采购只占其总份额的 10%，但却对剩余市场产生了很大的杠杆作用，甚至在一定程度上影响了其他品牌同级别车的设计走向。所以从另一方面我们也能看到产品的系列化设计通常也是从某个成功产品展开的，这也会有一种越走越顺的感觉。因此在很多情况下企业应该适度地压制设计师特别是新锐设计师无限的设计欲望，将有限的设计去对应有限的市场预期，毕竟绝大多数的消费者不愿意做"第一个吃螃蟹的人"。

市场的有限预期通常很难把握，这几年我们明显感觉到老百姓的收入有了实质的提高，从这两年家用汽车的销售情况就能看出。大众对很多高端产品也有了进一步的认识，所以我们突然看到很多产品有了较大的改款动作，甚至是特别针对中国市场。政府的采购政策也有了较大的改变，似乎有明显支持自主品牌的倾向，上行下效，自主品牌显然已经有了比以往更好的生存空间和环境，希望 10 年之后我们能看到中国自主品牌更多地出现在全球市场中。

第1章
Chapter 1

产品信息采样

1.1 产品名称采样

在做产品改良设计之前，第一件事就是对产品信息进行采样，本章重点在对产品的不同方面进行数据采样，因为机床产品是一种典型的宽大型产品，在产品对象层面上比较具有代表性，所以编者在很多案例上采用了大量的机床信息作为采样的对象，也可以让读者对这类产品有较为深刻的认识和印象。

1.1.1 机床产品名称采样

在机床行业，编号依据各国相关标准。一般为产品类型代号加产品某项技术指标数值，这样做有利于业内人士明确辨识产品性能，同时方便采购部门采购。

1. 美国哈挺公司

诞生于 1890 年的美国哈挺公司是一个在世界机床工具行业中居主导地位的供应商。公司设计、生产、制造的高精度、高可靠性的金属切削机床及相关的工具附件，在世界市场上赢得了 100 余年的声誉。今天，哈挺的名字和哈挺的超精密已成为高精度机床加工设备的同义词。

哈挺产品按种类不同分为 QUEST 车床产品、BRIDGEBORT 铣削产品、KELLENBERGER 磨床产品等系列，各系列又根据性能、技术参数不同，依据美国国家标准协会标准（ANSI）分为不同的型号，哈挺的车削中心 T42、T51，和铣削中心 VMC700 已连续三年被美国通用汽车（GM）授予质量、价格、服务最佳供应商。此荣誉是在全世界范围的 3 万家供应商中优选的 158 家中仅有的 2 家机床厂家之一。

机床产品编号一般为"机床类型代号 + 产品性能指标 11"，如：T42 表示主轴通孔直径为 42MM 的切削中心。在铣削产品系列中，哈挺以 P3、XP3 等为辅助代号，分别表示基本加工中心和高速加工中心，见表 1-1。

2. 中国机床型号的编制方法

我国机床型号由大写汉语拼音字母和阿拉伯数字组成。我国从 1957 年开始规定了机床型号的编制方法，随着机床工业的发展，至今已变动了 6 次。现行规定是按 1994 年颁布的 GB/T 15375—94《金属切削机床型号编制方法》执行，适用于各类通用及专用金属切削机床、自动线，不包括组合机床、特种加工机床。

表 1-1 　　　　　　　　　　　　哈挺铣削中心型号编制纵向比较

哈挺铣削中心型号编制纵向比较	BRIDGEBORT 立式加工中心	VMC450 P3	X 轴行程（mm）：450
		VMC450 P4	X 轴行程（mm）：480
	BRIDGEBORT 高速立式加工中心	VMC450 P5	X 轴行程（mm）：610
		VMC450 P6	X 轴行程（mm）：760
	BRIDGEBORT 高速、高性能立式加工中心	HSC500XP3 VMC	优异的加速性能、最新一代的控制系统、响应伺服系统、坚固的结构及强大的编程功能
	BRIDGEBORT 高性能立式加工中心	APC 1000XP3 VMC	加工范围广、高性能，有全自动 2 站式旋转工作台，APC 系统适合于加工各种方式的场合

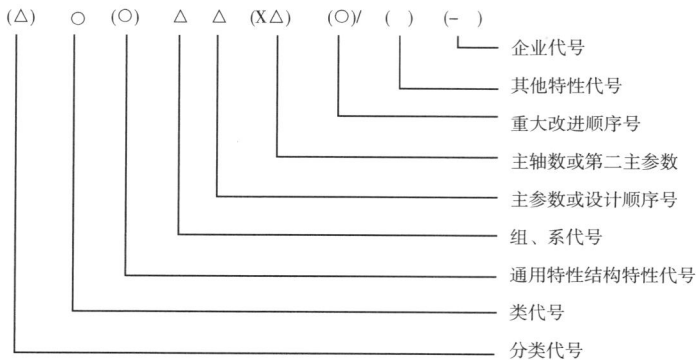

图 1-1 　通用机床型号的表示方法

通用机床型号的编制方法由基本部分和辅助部分组成，中间用"/"隔开，读作"之"。前者需依据 GB/T 15375—94《金属切削机床型号编制方法》统一管理，后者纳入型号与否由企业自定。其表示方法如图 1-1 所示。

其中，产品辅助代号在外国机床行业和其他产业中都有较丰富的应用和编制方式，我们对其进行研究，作为企业借鉴依据。

1.1.2　汽车名称采样

1. PEUGEOT 法国标致汽车

在汽车的型号编制中，由于其复杂的机械结构与机床具有相似性，因此型号的编排也与机床类似，例如很多厂商常用的"排量标识"。但是由于行业内没有硬性的规定，在编号时更多地还是体现了企业的品牌价值与产品定位。

如本例中标致就抛弃了其他厂商常常使用的"排量标示"，使得系列的名字更注重产品的设计理念，系列号、年代号、车身类型清晰可见、易读性强如表 1-2 所示。在型号的中间加入一个无意义的"0"，让型号这个枯燥的东西立刻变得活泼起来，使其符合"小狮子"这一客户心中的形象。在数字的数量上，三个数无论在哪国文字中，都可以给人朗朗上口的感觉，提高了品牌在客户心中的形象、地位，尤其是在"CC"的命名上（见表 1-3），作为折叠硬顶车，其设计的目标就是带给客户身心娱乐的享受，所以两个"C"的可爱形象，更带来了娱乐的感觉，如图 1-2 所示。

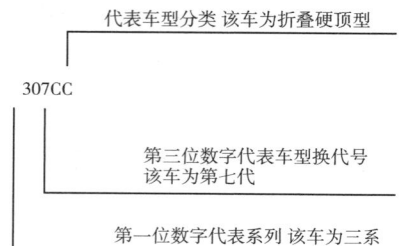

图 1-2 　307CC 汽车产品名称的意义解读

表 1-2　　　　　　　　　　　　　　　　汽车产品名称比较

型　号	车 身 代 号	车 身 级 别	对 应 人 群
10X	A00	微型车	年轻人、新婚夫妇
20X	AO	小型车	年轻人、追求时尚、热爱运动或购买里较弱的车主
30X	A	紧凑型车	家庭用车、追求稳定舒适
40X	B	中型车	有较高购买里的时尚人士
60X	C	大型车	政府机关、成功人士

表 1-3　　　　　　　　　　　　　　　　不同的后缀名称及意义

后 缀 名 称	含 　 义
CC	折叠硬顶车
SW	运动旅行车
coupe	双门跑车

●延伸阅读——格式塔原则

格式塔原则认为整体并不是独立存在的各部分简单结合起来的内容总合，恰恰相反，正是整体赋予了各部分特殊的功能与属性，这些特征只存在于局部与整体的关系框架下。

格式塔原则给了我们一个整体与局部的关系原则，当我们纵观一个设计或一个项目时，应该正确对待其中整体与部分的关系。在整体结构中发现关键部分，对其进行聚焦，但要注意这一部分与其他部分绝不是相互隔离的，在这种认识的基础上去形成一个全新的、深邃的结构管，它包含了结构功能、组织关系的转化。与二八法则相结合，在产品或项目核心成分引导下，结合对其他成分的考量，人们就能够对整体结构或问题作出直接或间接的合理预测。这样，在对整体问题产生全面一致印象的同时，对局部成分如何构成整体结构也能有深刻的认识。

格式塔原则有以下四个层次的组织规律。

（1）邻近原则：在知觉物体归类时，易于把相近的物体看成一组。如图 1-3 所示，人们容易把中间的 4 个圆当成两组，如图 1-3 所示。

图 1-3　邻近原则

（2）相似原则：人们倾向于依据相似性对物体归类。

（3）连续原则：人们倾向于自觉联贯或连续流动的形式，而不是断裂或都不连续的形式，如图 1-4 所示。

（4）对称原则：人们倾向于把物品自觉作为一个中心点的对称图，如图 1-5 所示。

图 1-4　连续原则　　　　　　　　　　　　　　　　图 1-5　对称原则

1.1.3 家电和数码类产品名称采样

1. 名称编号设定技巧

在公司进行"品牌体系、价格体系、经销体系、管理体系、产品体系"构建时，在涉及的产品体系中，产品"副品牌"的命名是十分重要的。在进行产品命名时要做好以下几点：

（1）适应当今市场的需求。

（2）能促进消费者记忆。

（3）能满足消费者利益点。

（4）有利于公司的推广与传播（诉求点）。

（5）能迅速地寻找支撑点。

（6）围绕两个目的：一是围绕产品的特点；二是围绕品牌本身。

以日立 HITCHI 冰箱为例，如表 1-4 和图 1-6 所示。

表 1-4   日立冰箱的产品名称比较

冰箱类型	名称编号	说　明
二门	RZ526	首字母 R（Refrigeratory）统一该品牌系列产品，第二位字母表明冰箱门数，数字表明冰箱容积。消费者能够清晰直观地从编号读取主要技术指标。名称编号精短简洁，多门分隔和大容积为其产品特色，都可从编号看出，便于公司宣传推广
二门	RZ486	
二门	RZ396	
二门	R436A	
二门	R255A	
三门	RN40WS	
三门	RN35WS	
四门	RW616	
五门	RM49P3	
五门	RN43PS	
五门	RF45PS	
五门	RN41PS	
六门	RFM55PS	
六门	RFM48PS	

2. 系列产品命名规律

随着市场竞争日趋激烈，有越来越多的同行业产品投放市场，厂商们为各款产品赋予了各自独立的编号。这些编号不应该是没有意义杂乱的字符串，而应成为识别产品性能的密码。一套成熟的编号命名应该有序、清晰、系统化。遵循一定的命名规则进行命名是使产品名称便于记忆，体现企业特色的一个重要原则，也是企业构建品牌体系必须考虑的一环。因此，每个大型公司都有自己独特的产品命名体系与规则，消费者甚至可以通过产品命名特点来识别产品品牌。东芝产品主要规格指标——产品特色、产品大系、上市时期、产品定位、销售国。以液晶等离子彩电为例，如

典型产品图片

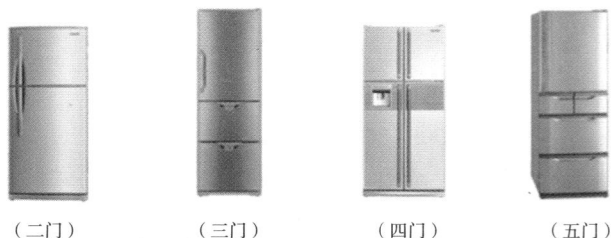

（二门）　　（三门）　　（四门）　　（五门）

图 1-6　日立冰箱典型产品图片

表 1–5 所示。

表 1–5 东芝 32WL58C 的名称及意义

型号名称	代表含义	产品图片
32	屏幕尺寸（32 寸）	
W	宽屏设计（wide）	
L	液晶电视	
5	2005 年上市	
8	档次高低，数值越大档次越高	
C	销售国家，C 代表中国	

● 延伸阅读——关闭原则

关闭原则与格式塔中的连续性原则是有联系的。现在有一个趋势是将一套独立元素作为一个整体，这些独立元素是一个可被辨认的模式而非复杂的。

关闭原则是一系列涉及感知的完全形态准则之一。它认为在任何可能的时间里，人们试图把一套独立的元素转化成一个总体去感知，这些独立元素是一个可被辨认的图形而非复杂的。这个感知单一图案的趋势是如此之强大以至于在必要时人们会关闭代沟并填补进缺失的信息去完成这个图案。例如：当单独的一段段线条被放置而构成一个圆圈，它们首先会被认为是一个整体的圆形，之后才被认为是包含了许多独立的元素。这种把信息作为一个整体来感知的趋势是自发而且是下意识的。它就好像是一种天生的偏好，化复杂为简易。当元素非常简单，是可被辨认的图案时，关闭的作用是很强大的，例如几何形态以及处于另一个附近的。当简单的、可被辨认的形式不容易被理解时，设计者可以通过过渡元素创建关闭（即是帮助指引视线从而发现该图形的精妙的视觉暗示）。一般来说，如果用于发现或形成一个图案所需的精力大于理解个体元素所需的精力，那么关闭将不会发生（见图 1–7）。

图 1–7 这些元素整体上来看是一个单独的圆环，其次才是个体元素

关闭的原则能通过运用一个更少数量的元素去组织和交流信息来帮助设计师们减少复杂性并增加趣味性。当设计作品是简洁而又易于辨认的图案时，考虑去除或者尽量减少的设计元素都被观看者所认可。当设计作品是很多复杂的图案，又必须考虑利用过渡性的元素去帮助观看者寻找或是形成图案本身的含义。

3. 产品名称对公司产品的意义

一套优秀的产品名称编号，不仅应具有完整的系统性、鲜明的可识别性，还应具有自己的独特内涵，能够体现产品特征，彰显公司对该产品的市场定位及文化诠释。优秀的产品名称编号能够留给消费者过目不忘的深刻印象，并使消费者对该品牌产品有较为固定的、系统的认识。

以 SONY BRAVIA 液晶电视为例：

BRAVIA 意为 Best Resolution Audio Visual Integrated Architecture，取每个单词首字母组合而成，符合产品定位特征，且首先带给消费者语言冲击，带给他们尖端、高科技、时尚的认识。这种先入为主的印象就已经能够使该产品在消费者心中的地位无形中被抬高，默认是一款高端产品。

BRAVIA 下属 R、X、V、T、E、U、S 七大系列多达 20 余款液晶电视，每个系列针对不同的消费群体需求，突出了产品的功能、价格的差异化选择（见表1-6）。

R系列——以大画面为卖点。

X系列——旗舰产品，技术集中，功能完备。

V系列——以亮艳色彩背光源为技术特点。

T系列——纤薄机身，方便挂墙，高亮泽涂漆技术。

E系列——3LCD，三片式液晶显示。

S系列——高性价比系列。

表1-6　　　　　　　　　　　BRAVIA系列产品列表

尺寸	R系列	X系列	V系列	T系列	U系列	E系列	S系列
26寸			KLV-V26A1				KLV-326A1
32寸			KLV-V32A10	KLV-32T200A	KLV-32U200A		KLV-S32A10
40寸		KLV-40X200A	KLV-V40A10	KLV-40T200A	KLV-40U200A		KLV-S40A10
46寸		KLV-46X200A					
50寸						KF-50E200A	
52寸		KLV-52X200A					
60寸	KS-60R200A					KF-60E300A	
70寸	KS-70R200A						

4. 数码产品名称采样

数码产品基于科技的发展，产品研发速度较快，通常形成系列产品线，型号作为重要的划分标识，体现了产品不同的功能与定位。

由表1-7可见，诺基亚公司所采取的编号方式是层层分级式的，也就是以首位数字配合该系列产品的中文名称确定该系列的总体风格和消费人群，让不同特征的产品符合不同需求的客户，不仅有了明确的产品线并且能让用户一目了然。最后以结尾的数字来体现系列下手机在功能上的异同。在数码产品中常常都使用此分类方式。

表1-7　　　　　　　　　　IBM（产品大系—产品主要风格）

系列编号	编号的意义
T系列	高质高价，商务经典
X系列	轻薄小巧，使用舒适
R系列	称心价格，称心性能

表1-8　　　　　AUSU（产品大系、小系列型号、产品的主要风格和产品配置）

系列编号	编号的意义	系列产品编号举例
A系列	定位于高性能机型	A8H24Jm-SL
M系列	定位于主流商用，兼顾便携性	A8—系列名称
L系列	全内置或光软互换机型的产品	H24—14寸绚丽宽屏
W系列	主要定位于时尚影音娱乐	Jm—处理器
S系列	主要是轻薄超便携机型	SL—光驱

1.2 原有产品色彩系统采样

1.2.1 色彩模式分类定义

RGB 色彩模式是英文红色、黄色、蓝色的缩写，即三原色。

CMYK 色彩模式是 RGB 模式的补充，它是一个减色色彩模式（Subtractive Color Model），与 RGB 模式的加色原理相反。有少部分彩色打印机是采用 CMYK 色彩模色。

CMYK 是最重要的色彩模式之一，因为它是几乎所有彩色印刷处理的基础。在印刷过程中 4 种原色不同比例的合成产生数以万计的色彩，可以满足复制彩色照片的需要。

PANTONE 是美国著名的油墨品牌，它把自己生产的所有油墨都做成了色谱、色标，PANTONE 的色标因而成为公认的颜色交流的一种语言，用户需要某种颜色，按色标标定即可。其实，PANTONE 就像一种语言系统，只不过是用来描述颜色的语言（见表 1-9）。

表 1-9　　　　　　　　　　　　　　　　色彩模式分类

色彩模式分类	名 称 含 义	应 用 范 围
RGB 色彩模式	以红、绿、蓝三种颜色作为原色的色彩模式，为加色法	彩色荧光幕、彩色扫描器
CMY 色彩模式	印刷行业所使用的色彩空间，采用的色彩相减原理	有少部分彩色打印机采用 CMYK 色彩模色
CMYK 色彩模式	C（cyan 青色） M（magenta 洋红品红） Y（yellow 黄色） K（black 黑色 black 之所以用 K 表示，是因为 B 也可能表示 blue 蓝色）	几乎所有彩色印刷处理的基础
PANTONE MATCHING SYSTEM 潘通配色系统简称 PMS	Pantone 是美国著名的油墨品牌，已经成为印刷颜色的一个标准	涵盖印刷、纺织、塑胶、绘图、数码科技等领域的色彩沟通系统

1.2.2 色彩采样 CMYK

主色一般呈现在产品的整体部分，位置不发生改变。改变主色调的位置会直接影响到产品的视觉效果，在一个作品中，不一定只有一个用色面积大的色调，比如红色占了 40%、黄色占了 30%，或者还有其他色调也占用了大面积。这种情况，主色调实际上就不是一种颜色了。如图 1-8，两幅图的结构是一样的，有多个主色调，我们随意改变色调的位置，两幅图的效果就大不相同（见图 1-9）。

1.2.3 采样系列产品辅助色彩的定义

1. 色调与主色调调和

色调是产品色彩的总体感觉。可用色虽然很多，但就某一种产品来说常有其主要的特色以构成产品色彩的主调。当产品采用多种色彩时，必须有一个主调，即应以一色为主，他色为辅，并考虑主、辅色之间的面积比例和位置关系。产品的色调必须为主题服务，色调的冷暖浓淡要根据产品的功能、造型及使用要求而定，如图 1-10 所示。

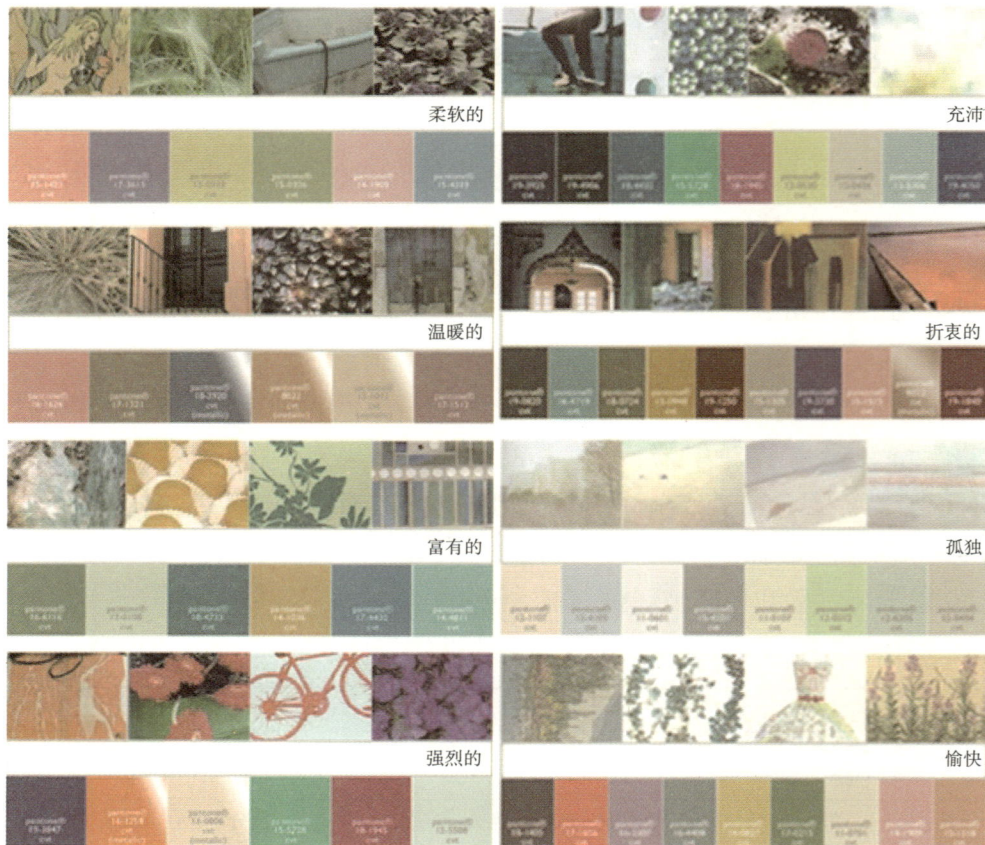

图1-8　不同风格的色彩采样

图1-9　不同主色位置效果对比

图1-10　色调与主色调调和案例

2. 同种色调和

色相相同，仅有明度差别的色彩配置在一起，能调和的效果。同种色相配因其简单易行，故常用。同种色相配时，两色明度不宜过近或过远。为避免这类现象出现，一般采用"小间隔"的办法来配色。把一种色相按浓淡不同，由深到最浅分为10度，以选明度相差3～4度相配较好，如图1-11所示。

3. 类似色调和

凡色相相似配置在一起。因两色都含有同一色相的成分，故易取得调和的效果。类似与同种色相比，类似色调和中有变化。与对比色相比，对比温和不激烈，故类似色是应用较

图1-11　同种色调和案例

多的一种配色，但在具体运用中应掌握好明度、纯度的变化，否则因色相太近使人分辨不清，缺乏生气，如图1-12所示。

图1-12 类似色调和案例

4.色彩对比

色彩并置时，固色相、明度、纯度不同，起着一种互相对比的作用：当运用对比来选配色彩时，必须注意色彩并置时的对比效果，如图1-13所示。

5.色相对比

由不同色相的两颜色相配置时，所产生的对比作用，称之为色相对比。色相环上成180。相对两色相并列时，就会互相衬托，增强光感，产生强烈对比，鲜丽明快，远视效果非常突出，是产品装饰、商标的主要用色。由于机箱机柜用色面积较大，在应用对比色时须将纯度适当减低，以免过分刺激而造成视觉疲劳，如图1-14所示。

图1-13 色彩对比案例——色盘

图1-14 色相对比案例

6.明度对比

一种是同一种颜色不同明度的对比，由于色相相同而明度不同，既易于调和，又明者更明，暗者更暗，致使调和中有变化；另一种是不同颜色不同明度的对比，如淡红与军绿两色并置时，则前者更明后者更暗。在产品设计时，为了使辅助色彩能较好地配合主色调，就要加强两色彩间的明度对比，如图1-15所示。

7.纯度对比

色彩的纯度本离不开色相与明度，仍须注意纯度对比的作用。如选用红色而言，深红与淡红相比，感到深红很红；但与大红相比，则大红就显得红一些，

图1-15 明度对比案例

图1-16　纯度对比案例

红的纯度也就更高了。运用色彩的对比，不仅可克服色彩的单调性，达到突出注目性，同时可用来加强产品的空间、距离等形体效果，如图1-16所示。

表1-10所示为色彩对不同年龄和性别的人产生的影响。

表 1-10　　　　　　　　　　　　　　　　色彩的影响

颜色	年龄（性别）							
	青年（男）		青年（女）		老年（男）		老年（女）	
白	清洁	神圣	清楚	纯洁	洁白	纯真	纯白	神秘
灰	阴郁	绝望	阴郁	忧郁	荒废	平凡	沉静	死亡
黑	死亡	刚健	悲哀	坚实	生命	严肃	阴郁	冷淡
红	热情	革命	热情	危险	热烈	卑俗	热烈	幼稚
橙	焦躁	可怜	卑俗	温情	甘美	明朗	欢喜	华美
茶	雅致	古朴	雅致	沉静	雅致	坚实	古朴	素雅
黄	明快	泼辣	明快	希望	光明	明快	光明	明朗
黄绿	青春	和平	青春	新鲜	新鲜	跃动	新鲜	希望
绿	永恒	新鲜	和平	理想	深远	和平	希望	公平
蓝	无限	理想	永恒	理智	冷淡	薄情	平静	悠久
紫	局尚	古朴	优雅	高贵	古朴	优美	高贵	消极

8. 色彩的应用面积

色彩构成中，色彩面积的大小直接关系到色彩意向的传达。当用色面积只占画面的20%％时，可起到点缀作用，如图1-17所示。

如果用色面积占到60%时，给人的感觉则大不相同，如图1-18所示。

图1-17　用色面积占20%

图1-18　用色面积占60%

表1-11所示为不同色彩的位置所带来的不同感觉。

表 1-11　　　　　　　　　　　　　　　　色彩的位置

上（前）	下	左、右
轻	重	重

续表

上（前）	下	左、右
软	硬	硬
刺激（小面积）	镇静	刺激
镇静	刺激（大面积）	镇静
明	暗	暗
淡	深	深
暖（小面积）	冷（大面积）	暖
冷	暖（大面积）	冷

最后将所有采样数据归纳列表，如表1-12所示。

表1-12 采样数据归纳

产品名称	产品型号	辅助色数值	辅助色意义	辅助色面积	辅助色位置

● **延伸阅读——美学实用性原理**

美学实用性原理是指美观的设计被认为比欠缺美感的设计更容易使用。

美学实用性效应描述的是这样一种现象：人们总认为较有美感的设计比欠缺美感的设计更容易使用。不管事实上是否如此。这种效应已在多项试验中被发现，并在一项设计能否被接纳和使用及其性能好坏等方面有着有益的启示。

美观的设计看起来更容易使用而且有着更高的被使用的可能性，不管事实上他们是否真的更容易使用。更实用但缺乏美感的设计则可能遭到冷落而引发实用性争论的问题。这些观念在随后的时间里产生影响而且很难改变。

美学在一项设计的使用方式上扮演着重要的角色。美观的设计比缺乏美感的设计更能有效地培养积极的态度，并使人们更能容忍设计上存在的问题。例如，人们给自己喜欢的设计取昵称并对它们产生感情是常有的事情（想想给自己的爱车取昵称），但少有人对自己所厌恶的设计做同样的事和产生感情。这些都是设计能维持长期使用性和取得全面成功的重要因素。这些积极的关系意味着人与设计之间能很有效地互动。与设计之间的积极关系将产生有助于促进创新和解决问题的相互作用。而消极的关系将导致束缚思维和压抑创新能力的相互作用。这在紧张的环境下尤为重要，因为压力增加疲劳感和降低认知能力。

1.3　原有产品尺寸数据采样

1.3.1　外观组成件数据采样

产品的整体形态是依据产品的原始尺寸大小来进行选择和确定的。产品造型设计中的比例包括两个方面的含义：首先，是整体的长、宽、高之间的大小关系；其次，是整体与局部或局部与局部之间的大小关系。正确的比例关系，不仅在视觉习惯上感到舒适，在其功能上也会起到平衡稳定的作用

（见表 1-13）。

表 1-13　　　　　　　　　　　　整体形态数据采集

型号	长 × 宽 × 高	正立面曲面弧度	正立面斜面角度	倒角角度	凹凸范围			机床重量 /kg	比 例			
					长	宽	高		长宽比	宽高比	角度比	弧度比

1.3.2　人员操作数据采样

人员操作数据采样时需要制作表格，如表 1-14 和表 1-15 所示。

表 1-14　　　　　　　　　　人员操作设备时的动作范围数据采样

项　目	数值（范围）
手和仪表间的距离	
手和按钮间的距离	
人手和设备的距离	
人手的操作范围	
操作角度	

表 1-15　　　　　　　　　　　人员可视角度的数据采样

项　目	数值（范围）
观察范围	
观察仪表距离	
观察工件距离	
安全观察距离	

1.3.3　相关零部件基本尺寸采样

相关零部件基本尺寸采样如表 1-16 所示。

表 1-16　　　　　　　　　　　相关零部件基本尺寸采样

部 件	长 × 宽 × 高	弧形大小	外径	倾斜角度	字体大小	位置陈述	位置尺寸	倒角	零件尺寸与机床尺寸比例	零件位置尺寸与机床尺寸比例	零件尺寸与相邻部件尺寸比
把手											
按键											
旋钮											
开关											
仪表盘											
控制平台											

1.3.4　部件的运动极限数据采样

将测试所得及零件本身所要求的运动范围极值选填入表 1-17 内操作涉及的运动数据与零部件的维护运动数据。

表 1–17 部件的运动极限数据采样

部 件	功率	转速	最大回转直径	最大回转角度	手动调整距离	最大许用扭转力矩	长 × 宽 × 高	弧度	推拉进程	转动角度	相邻零件的间距
把手											
按键											
旋钮											
开关											
仪表盘											
控制平台											

1.3.5 人机交互数据

经过理论和实际操作所得出的人与机器的最佳操作方式及对应数据选填入表 1–18 和表 1–19 内。

表 1–18 门仓与控制平台

选择操作姿势	门仓的高度	门仓的弧度	门仓的推拉进程	门仓把手的握持方式	长宽高尺寸	位置尺寸	长宽高尺寸	离地面的高度	转动角度	按键区域范围	控制面板上的屏幕大小
站姿											
坐姿											

表 1–19 视口窗 / 门边与标志牌

选择操作姿势	位置尺寸	面积尺寸	位置尺寸	面积尺寸	把手的握持方式	位置尺寸	面积尺寸	文字显示
坐姿								
站姿								

1.4 原有产品操作模式采样

1.4.1 以图片方式对原有操作过程进行采样

机床的采样有一系列的严格标准，对于操作过程使用图片的形式进行采样，可以直观地表述出产品在使用环境中的各种表现，通过观察法对于已经存在的问题进行分析，在今后的设计中改进（见表 1–20 和表 1–21）。

表 1–20 设备开启流程表

操 作 流 程					
检查机械部件	读取加工零件	安装必要工具	注意刀具与工件距离	启动电源运行车床	时实监控

表 1–21   **设备关闭流程表**

操 作 流 程				
记录必要数据	注意极限参数	准确关闭车床退出刀具	清理车床	车床归置安全处

1.4.2　以图片方式对原有设备维护过程进行采样

　　机床的采样有一系列的严格标准，对于维护过程使用图片的形式进行采样，可以直观地表述出产品在维护用环境中的各种表现，通过观察法对已经存在的问题进行分析，在今后的设计中改进（见表 1–22）。

表 1–22   **设备维护流程表**

维 护 流 程							
熟知维护制度与操作规程	熟知车床参数	检查车床环境	核对工作电压	校合机床参数	复查操动机构	整组性能测试	清扫机床并涂防锈油

1.4.3　以图片方式对原有安装过程进行采样

　　机床的采样有一系列的严格标准，对于安装过程使用图片的形式进行采样，可以直观地表述出产品在安装环境中的各种表现，通过观察法对于已经存在的问题进行分析，在今后的设计中改进（见表 1–23 ～表 1–25）。

表 1–23   **维护流程（一）**

开箱核查	阅读理解安装资料	部件组装	电缆连接	管道连接	数控系统的连接	检查和调整

表 1–24   **维护流程（二）**

通电试车	调试准备	调试启动	状态监护	测 试

表 1–25   **安装流程**

操作流程	安装运行标准及规范→交付条件→装包→运输→交货→中间储存 安装现场的一般要求→安装结构尺寸→现场安装的基本注意事项→基础框架→机床的安装→装机检查 调试→准备工作→启动→状态监视→测试

● 延伸阅读——无障碍原则

无障碍原则指对象与环境的设计应是无需改良，即能被尽可能多的人所使用。

无障碍设计原则认为，在未经过特殊的改造或修改的情况下，设计应该是对不同能力的人群都有用的。曾经，无障碍设计原则致力于为残疾人士提供便利。随着无障碍设计知识和经验的积累，许多需要的便利提供应该是能够让每个人都受益，在设计上变得越来越清晰。

无障碍设计有 4 个特点：易理解性、可操作性、方便性、容错性。

不考虑感官能力，当所有人都能够理解设计的时候，便实现了"易理解性"。提高易理解性的方法有：使用大量的符号传达信号，如文字、肖像以及触觉符号等；提供感官支持技术的兼容性；将控制界面和相关信息放置在适当的位置以确保坐着或是站着的使用者都能看到它们。

不考虑行为能力，当每个人都能够使用设计的时候便实现了可操作性。提高可操作性的方法有：将重复的动作和对体能的消耗降到最低；通过良好的功能可行性和产品本身的限制来提高操作性能；提供具有物理支持技术的兼容性，如轮椅通道；将控制界面和相关信息放置在适当的位置以确保坐着或是站着的使用者都能使用它们。

方便性的实现意味着即便没有经验，读写能力或是集中力较差的人都能很明白并使用该设计。提高方便性的方法有：去除不必要的复杂设计；使用清晰而一致的编码、控制标签和操作方式；使用导向的方式表述仅与之相关的信息和操作；为操作提供明确的提示和信息反馈；同时确保不同知识层次的大多数人都能够明白。

实现"容错性"即是要将错误的发生及其影响降到最低限度。提高容错性的方法有：使用良好的功能可行性和产品本身的限制来防止错误的发生，如操作只能在正确的情况下进行；使用操作确认和警告来降低错误的发生；同时使用可逆操作及安全系统将错误操作的后果降到最低限度，如可对操作执行取消。

1.4.4　产品环境的采样

1. 机床操作环境色彩分析

（1）车间色彩选择。

地面以灰色、浅蓝色和白色及淡绿色为多，车间色彩环境应较为明亮。此类色彩给人以清洁、明快、平稳的感觉。避免了刺激和兴奋神经系统，减少了产生焦虑和压抑情绪的可能，如图 1-19（a）所示。

（2）员工服饰色彩。

员工服饰要与厂房总体色调搭配协调，根据色彩心理的要求，工作服的色彩以简洁明快和沉稳两种为主，如图 1-19（b）所示。

（3）光源选择。

不同的光线源对产品的色彩感觉有极大的影响。在不同的光线源下，产品的固有色会有不同的视觉偏差。

光源的颜色有两方面的意思：色表和显色性。人眼直接观察光源时所看到的颜色，称为光源的色表；显色性是指光源的光照射到物体上所产生的客观效果，如图 1-19（c）所示。

色温：是指光源发射光的颜色与黑体在某一温度下辐射光色相同时，黑体的温度称为该光源的色温。光色越偏蓝，色温越高；偏红则色温越低（见表1-26）。

表1-26　　　　　　　　　　　　人工光与自然光下的色温变化表

人　工　光		自　然　光	
光　源	色温（k）	光　源	色温（k）
普通民用灯泡	2650	日出日落	1850
碘钨灯	3200	9时至15时	5500
金属卤化物灯	4000 ~ 4600	9时至15时后	5000 ~ 4800
高压求灯	3450 ~ 3750	夏季中午直射光	5800
卤素灯	3000	秋季中午直射光	6000 ~ 6500
局压钠灯	1950 ~ 2550	蓝天阴影中	12500
钨丝灯	2700	阴天空光	6400 ~ 7000

（a）

（b）

（c）

图 1-19

2. 展会

参加展览会的产品因为受到展会的会场环境、会场灯光及周围类似产品的影响，其本身的固有色会发生不同程度的色差。参加展览的产品要充分考虑到这些因素对产品呈现效果的影响。

展会场地：每次的展会的产地条件及环境都会不同，环境色彩也可能天差地别，如果环境色彩比较强烈，就可能对产品的固有色产生影响，比如环境色偏向黄色，而产品本色为浅蓝，在实际观察效果中，产品很可能偏向绿色。此时就要对本单位的展台和灯光的设计做一定改动来消除环境色对产品呈现的影响。

周边产品的影响：展览会是和其他公司产品的同台竞技，所以必须考虑展台周围展品对自己公司产品展示效果的影响。如果周围产品的色彩都比较暗淡稳重，而本公司的产品色彩鲜艳靓丽，必然使得自己的产品引人注目。反之，周围产品都使用比较活泼的色彩，本公司的产品色彩比较稳重，则会让展品看上去成熟可靠。

光线：灯光的类型分很多种。普通的灯泡光线偏向于暖色调，而日光灯的光线则偏向于冷色调。这两种光线打出来的物体色彩有很大差别。暖色调打出的产品色彩明显偏向与黄色，特别是在产品的浅色部分。而冷色调灯光下的产品色彩则要偏向于紫色多一些。在自然光线（日光）下的产品颜色还原比较真实（色调会略微偏暖）。同时，自然光比较柔和，使得产品的色彩细腻，层次丰富，明暗变化柔和。

第2章
Chapter2

形态语言的设计要素

2.1 形态语言概述

形态语言是研究形态语言含义的理论学科。它通过对产品形态、构造、色彩、材料等要素的研究，构成产品特有的符号系统从整体视觉感受到每个构成局部的细节，通过这个符号系统，设计师传达出设计意图和设计思想，赋予产品以新的生命；通过这套符号系统，使用者可以了解产品的属性和它的使用操作方法，它是设计师与使用者之间沟通的媒介。

在机床行业，由于其产品特殊的使用场所、规范化的操作方式和严谨的生产流程，使得设计师在产品设计中要更加注重产品外观的宜人性、人机关系的实用性及生产技术的可行性，在保证使用者心情愉悦、操作舒适、安全的前提下，规范产品的形态语言系统，使产品在市场上具有统一的形象特征、清晰的可辨识度，从设计、生产到销售，实现产品系统的规范化、统一化、专业化，全面提升产品体系的核心竞争力。

下面举例说明设计中可能涉及的形态语言要素及其表达的涵义，如表2-1所示。

表 2-1 形态语言要素归纳

要 素	图 形	应 用 举 例	形态语意涵义
对称形或矩形			显示空间严谨，营造庄严、宁静、典雅、明快的气氛
圆和椭圆			显示包容，有利于营造完满、活泼的气氛
自由曲线			显示动态，有利于营造热烈、自由、亲切的气氛，创造出的空间有节奏、韵律和美感

续表

要　素	图　形	应用举例	形态语意涵义
比例与尺度			显示规范，有利于营造合理、有序的空间关系，以科学的尺度满足人的审美需求和心理需求
稳定与技巧			显示体量感，有利于塑造产品稳定感或轻盈感，在不改变产品本来要素的情况下，利用技巧使人产生心理平衡

●延伸阅读——娃娃脸偏好

　　具有圆脸、大眼睛、小鼻子、高额头，小下巴及相对浅肤色和发色的人或物，会被认为有娃娃脸特征。有一种趋势认为，具有娃娃脸的人或物相比那些有成熟特征的人或物来说，显得更天真、无助以及诚实。这种对于娃娃脸的偏好，存在于各个年龄阶段、各种文化以及各种哺乳动物种群。

　　人们对待婴孩的方式很大程度上反映了人们对娃娃脸的偏爱程度。具有娃娃脸的成人也是类似偏爱的对象，但与婴孩不同的是：一个有娃娃脸的成人是要承担一些责任的。通常，娃娃脸的特征与无助、无辜等概念相联系，而成熟的特征与知识丰富及权威相联系。

　　在设计产品或角色中，当面部表现很重要时，要考虑到人们对娃娃脸的偏爱的情况（例如儿童的动画角色），夸大新生儿的各种特征（例如更大的、更圆的眼睛），这类型的角色更有吸引力。为了占据市场和增强宣传效应，在传达专业技能和权威性的信息时，使用成熟面孔的人物；在传达推荐及恭顺的信息时，使用有娃娃脸面孔的人物，如图2-1所示。

图2-1　娃娃脸偏好案例——福娃设计

2.1.1　字符性（称谓性）产品识别定义

　　产品名称作为产品要素的直观表达，在产品识别系统中起到定位的作用。通常通过产品的型号、符号、称谓即能表示出产品的主要属性、外观特征和生产要素。技术人员和采购人员一般也是通过产品的字符属性来对产品进行识别、定位的。因此，作为产品形象的第一表达方式，合理的字符描述与称谓选取对产品的形象推广起到重要作用。

目前较通用并被业界普遍接受的字符性产品识别方式主要有以下几种，如表2-2所示。

表2-2　　　　　　　　　　字符性产品识别方式归纳

识别方式	图例	识别方法	举例
按产品规模		大型	大型落地镗床
		中型	中型铣床
		小型	小型车床
按产品重量		轻型	轻型车床
		重型	重型滚齿机床
		超重型	超重型金属切割机床
按加工精度		普通	普通车床
		精度	精度磨床
		高精度	高精度螺纹磨床
按操作方法		自动	数控外圆磨床
		半自动	半自动液压机床
		手动	手动磨削机床
按专业程度		初级	时尚卡片相机
		入门	入门级数码单反相机
		专业	专业级数码单反相机
按配置级别		低端	低端商务机
		中端	中端商务机
		高端	高端商务机

2.1.2　整体造型中主要特征的关键性定位

主要特征占据了突出、重要的位置，是产品造型核心思想的体现，也可以说是研究的关键。主要特征的形态语言基本奠定了产品的风格基调，并且在人机工程的实用性和生产技术的可行性方面，也都以主要特征为重点体现。由此可见，把握主要特征的形态语言则掌握了产品整体造型的发展方向，控制住主要特征的实施手段则控制了产品系统的市场形象（见表2-3）。

表 2-3 产品整体造型的主要特征定位归纳

主要特征	图 示	特 点	形态语言	设计要点
整体造型以直线为主，配以斜线及饱满的弧线		（1）与人接触的面为大弧度曲面。 （2）背面与上面为小角度斜面。 （3）面与面之间无大倒角过渡	挺拔的直线与柔和的曲面结合，使整体形态刚强中饱含舒缓流畅的美感；与人接触的面采用弧度，在用户与机器间建立友好的交互感	直线与弧线的结合注意合理的配比关系以及要素的尺度，直线过多显得过于僵硬，弧面过大则显得软弱无力，无安全感
直板造型配合小弧度曲线满足造型与舒适度的需求		（1）机身比例适中。 （2）屏幕键盘分开。 （3）功能建与屏幕一起。 （4）以小弧度曲线为造型元素	（1）顶端造型为小弧型。 （2）腰线为弧度。 （3）底部造型为小弧型。 （4）屏幕比例为横向	曲线过大太过于张扬

● 延伸阅读——相貌偏见理论

相貌偏见理论是描述了一种倾向，认为有吸引力的人比缺乏吸引力的人更聪明、更能干、更有道德、更热爱生活。

有吸引力的人一般比缺乏吸引力的人更能获得积极的评价。相对于缺乏吸引力的人，他们会受到异性更多的关注。在所有其他因素相同的情况下，有吸引力的人会在聘用决策时获得更高的评价，并会在做相同工作的时候赚取更多的钱。

相貌偏见与生物因素及环境因素都有着密切联系。从生物学上讲，当人们散发出健康和生育能力，人是有吸引力的；从环境的角度而言，当女性夸大社会公认的性特征时，男性被女性吸引；当男性拥有财富和权力时，女性被男性吸引。

对产品而言，相貌偏见理论也同样起着作用。从外观到包装，恰当甚至是有点夸张的视觉表达，对提升产品的整体价值起着举足轻重的作用。

外观是消费者认识产品时最直观的媒介，设计合理的外观，应在充分体现产品用途的基础上，尽可能地体现生活之美。

包装被称为"无言的推销员"，是品牌视觉形象设计的一个重要部分，应在包装中充分考虑到相貌偏见理论及人的形象。同样的应用也应施加到市场营销和广告中。例如，使用效果图或腰臀围比值约为 0.70 的美女的形象，着重从文化上适当增加性特征，适当增加财富或地位的有形指标等，都可使包装或广告更吸引消费者。

2.1.3 辅助特征与主要特征的关系调和

除主要特征以外，辅助特征也是产品形态语言表达的重要方面。在整体造型系统中，辅助特征作为主要特征的补充，使产品内涵更加丰满、细节更加丰富，填补了主要特征不足以表达的方面。

对辅助特征的运用可以有多种方式，它可以作为主要特征的补充，对整体形态语言进行强化与补充；也可以在允许的范围内做适当变化，为特定产品的个性体现做出贡献。合理利用辅助特征的表达，以及主要特征和辅助特征的配比关系，能够在产品设计中起到画龙点睛的作用（见表 2-4）。

表 2-4　　　　　　　　　　　　　　　　主要特征与辅助特征的定位范围

特征	举例说明	特征图例	数量	特征数量要点	比例关系	比例关系要点	图　　示
主要特征	大弧面、可调控制平台、玻璃门仓		按照机床规模与复杂程度，主要特征一般为 1～3 个	特征太少不利于品的形象识别，特征太多会造成形态语言混乱，混淆造型整体感	主要特征一般占据整体造型的 15%～30%	根据机床的构造原理而限定的机床基本造型中，为使特征良好体现，可在适当范围内对特征进行调整以得到最佳视觉效果	大型机床 □主要特征 30% □辅助特征 15%
辅助特征	腰线色带、底座收缩、把手形式等		作为主要特征的补充与整体细节描述，辅助特征一般为 3～5 个	特征数量是产品细节统一的体现，分布不太集中，要注意各特征之间的过渡关系，以及特征在系列产品中的统一规范性	辅助特征一般占据整体造型的 10%～20%	辅助特征不可超越主要特征占据太多空间，会使产品形态语言模糊、造型突兀、喧宾夺主	小型机床 □主要特征 20% □辅助特征 20%

● 延伸阅读——二八法则

二八法则说的是所有大型系统产生的 80% 的效果都来自于其中 20% 的变量。这个法则适用于所有的大型系统，包括经济、管理、用户界面设计，质量管理和工程学等方面。这个数据百分比并不精确，通过实际的系统监测表明这个数据有 10%～30% 的误差。二八法则的一些例子包括：

二八法则告诉我们在一个项目系统中该如何更有效地分配资源，及将资源分配到哪些系统项目上，这对聚焦资源十分有用，反过来也可以利用这个法则体会到设计中更加了不起的效率。例如，如果产品性能的至关重要的 20% 用了 80% 的时间，设计和测试资源应该主要集中于那 20% 的性能上。而剩下的 80% 的性能就应该接受再次的评估来证实他们在设计中的价值，同样，当再设计系统更加有效地对 20% 范畴之外的方面进行设计，那么将会产生收益递减的结果。对那 20% 之外的部分进行改善将导致实质性进展的减少，这往往和引入错误或产生新问题相抵消了。

恰当地运用二八法则，必须遵从以下两条规律。

（1）根据不同情况作出你的选择。抓住主要的 20%，对其进行特别对待，尽可能以最小的资源获得最大的利润。

（2）不能完全忽视剩余的 80%。80% 和 20% 在一起才是完美的 100%。现在低价值的顾客，可能有潜力成为大客户；新产品在现阶段价值低，但可能有潜力成为高产值的产品，这是运用二八法则需特别注意的地方，需要在短期和长期利益之间作出平衡（见图 2-2）。

1）产品 80% 的使用量来自于它性能的 20%。

2）公司 80% 的收入来自于它所有产品中的 20%。

3）革新的产生 80% 来自其中 20% 的人。

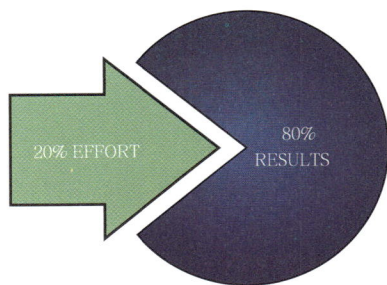

图 2-2　二八法则

4）80% 的销售额来源于 20% 的产品。

5）80% 的结果来源于 20% 的前期努力。

2.2 系别产品形态语言设定

2.2.1 主要形态特征在不同产品系列中的规范

在满足机床功能要求的条件下，按照美学的规律来创造产品的形象，表达产品的形状、线形、比例、细节，并使之产生美感（见表 2-5）。

表 2-5 　　　　　　　　　　　　　形态要素在不同产品系列中的规范归纳

要素	规范
几何形体	机电产品的造型特点是简洁、大方、雅致、精细。如现代国外大部分机床，整个床身由直线和平面构成，显出简练单纯的造型风格。造型时的第二特点是更多运用直线和方角造型，以小圆角或直角代替了过去的大圆角。这有利于现代生产制造工艺和材料的需求，也有利于提高机体的刚度和满足经济要求。造型时的第三特点是向封闭式的造型方向发展，机身是全封闭或半封闭地被罩壳遮盖住
线形风格	产品多采用直线型。在线条风格上要注意协调统一的原则。如主体线条风格统一协调，这是指构成机床大件轮廓的主体几何线形要大致一样，如是以直线为主调，则所有的大件的主要轮廓应以直线为主，直线之间过渡所用的 /」\ 圆角或折线也应一致。结构线形必须统一协调，这是指机床各部件的连接件所构成的线形应与主体线形一致。其他如机床操作件和部件的线条也要和主体线条一致
比例尺度	最恰当的体积划分是用黄金分割比例组成的机床，即表面尺寸比例值为 0.618：1。 尺度为度量标准，虽然产品不同，用途不同，使用者的生理条件和使用环境不同，但它们的绝对尺度是比铰固定的，因为它们是和人体功能相适应，而与机器大小无关，产品再大，手柄尺寸和操级台仍要适应人体功能需要，不能随产品尺寸增大而增大
人机工程	（1）人的视野围和视距范围。 对于黑色背景白色对象的视野范围向上 55°～60°，向下为 70°～75°，左右方向为 120°。对于其他颜色的视野比上述视野为小。最有效的视野区是向上 30°，向下 40°，左右方向为 15°～20°。 （2）人体站立时肢体的工作区域。 （3）操作机构应该安排在便于操作的区域，应该有合理的形状，容易接近，检测型号装置应该精确，彼此靠近的操作机构应该利用形状颜色加以区别

机床主要部件之间，以及它们与整个机床结构之间的尺度与比例，对机床造型设计来说是至关重要的。例如，在确定机床的基本尺寸时，运用了"黄金分割"的原则，机床的高度与长度之比为 1：0.618，使机床的轮廓更紧凑，机床各部件的尺寸关系更协调，增加了机床造型的美感。

●**延伸阅读——排列原则**

基本形是构成中最基本的单位元素，各种形式的单位元素均可被视为基本形。基本形的排列遵从基本的排列原则。

（1）基本形线装的排列：排列向横向发展，发展成为现状图形，有很强的方向性。可以水平方向或斜线方向发展。

（2）面状排列：基本形以二次方向排列，构成面状图形。

（3）环状排列：把基本形线状的排列发展成为曲线，使两端连接。

（4）放射状排列：基本形由中心向外排列，形成放射图形。

（5）对称排列：基本形左右对称排列，排列规律、整齐。

基本形按排列原则排列可以起到体现整体感、引导视觉、突出重点的作用。排列的关键点是"秩序"。秩序是变化中的统一因素。如何使画面更富有秩序感呢？最有效的办法就是确定画面中的骨骼线。

通常，骨骼线有两种：可见骨骼线和不可见骨骼线。可见骨骼线就是能使人看得见并始终保留在画面中。不可见骨骼线就是在设计时仅作限制边界作用，设计好后去除，只能使人感觉到内在的控制力量。合理地运用骨骼线，可以获得良好的秩序感。

运用排列原则要注意的是，无论怎样变换排列方法，要让观众阅读起来不吃力，通顺、方便是最起码的要求。同时不要因改变了排列方式，反而给人们增添了不必要的麻烦。例如，广告文字中，大标题的位置要着重考虑力场的问题。它在划分空间时起着举足轻重的作用。广告内文的处理，要与插图同时考虑秩序的问题，并且要注意有机地联系，使之形成一体。

1. 比例尺寸规范

如表 2-6 所示为比例尺寸规范。

表 2-6 比例尺寸规范

比例关系	概 述	应 用
机床整体长宽高比例关系	高度和长度之比采用黄金分割比，使外形具有美感，视觉上感到舒适，平衡	
部件和整体比例关系	控制面板与整体的对角线的水平关系使产品部件和整体产生和谐感，并且部件在整体中的位置关系同样遵守黄金分割比，使产品整体比例互相呼应	
细节比例关系	防护窗采用黄金分割比，产生视觉真实感；控制面板上的按键分布采用 1∶4 的比例给人一舒适可靠的感觉	

2. 细节特征规范

如表 2-7 所示为细节特征规范。

表 2-7 细节特征规范

部件	概 述	应 用
门仓	采用突起的大弧面，贴合前面的面板，符合人机工学，便于观察，也使操作者产生机器主动与人亲近的感觉。面与面之间方中带圆角，细部显得精致	
把手	以直线为主，转角处方中带圆角。简洁的设计风格体现出现代科技感，同时圆角的处理体现出刚柔并济的特点	

部件	概述	应用
操作面板	为使机床整体统一并且简洁整齐,操作面板统一采用了垂直的安置方式。采用滑动式,操作面板可翻转,使用统一把手	
底座	底座采用凹入的设计,减少了机床的体量感。并且在底座处用水平色条进行分割,在其衬托下使机床的水平划分更加突出。提升了机床的稳重感	

2.2.2 现有基本特征在系列产品中的描述

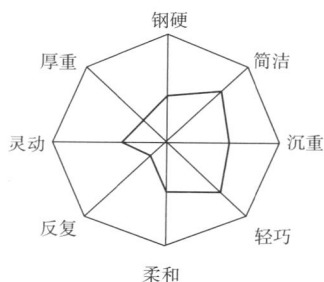

图 2-3 产品特征描述

现有机床产品大多体形庞大,线条生硬,设计不均衡,整体造型太过简单,细节又显得凌乱,过渡不自然,缺乏线和面的变化,没有生气,不能让人精神振奋。根据现存的缺点,通过设计对形、面、线构成元素的细致推敲,挖掘统一形态感觉元素,进而组合成风格统一的形态特征,并在这个基础融入设计发展新元素,以简洁、统一、整体感创造出最为和谐的关系,体现时代特征,如图 2-3 所示。

机床未来的发展趋势还是以功能化为基础,以美观大方、人性化为导向。在风格上,机床还是以整齐,简洁的风格为主,更加平易近人,柔和与轻松,摆脱了以往僵硬呆板的感觉。

总的来说,造型突出主题,简洁明快,平静大方同时带点人性化的温和感与感情色彩是未来机床的发展趋势(见表 2-8)。

表 2-8　　　　　　　　　　　　　　　　　　　造型规范

造型	概述	应用
大弧线设计	采用大曲面可增加机器的柔和性和可亲近性,使机体看上去美观大方。吻合了人机的易操作性,同时满足了工作的心理。而且制作大面积的曲面在制作工艺上可以很方便地实现	
长方体或直角梯形造型	整体造型会以长方体或直角梯形为主,大方美观	
背面与上盖斜面设计	采用斜面来取代垂面及水平面,使得机器不呆板、不生硬,取而代之的是轻松和柔和感	

造　型	概　述	应　用
小弧面过渡	面与面的过渡会是清晰但显平缓，方中带圆角，细部中显精确的风格；为使机器不失理性、严肃和必需的冷寂，面与面之间采用小圆弧过渡	

● 延伸阅读——一致性原则

一致性原则指当类似的部分以类似的方式来表达的时候，一个系统的可用性就被提高了。

根据一致性原则，当类似的部分以类似的方式来表达的时候，系统将更易于使用和掌握。一致性使人们能够高效地将知识转移到新的上下文关系中，更快地学习新事物，并且在完成一件任务的时候将注意力集中在与此相关的方向上。一致性可分为4类：审美一致、功能一致、内部一致和外部一致。

审美一致——风格和外观一致（如标识、字体、色彩组合等）（见图2-4）。

功能一致——意义和行为一致（如上网时带下划线的词语是表示可链接的等）。

内部一致——系统内各组成部分一致（如网站中的 icon 系统）。

外部一致——同一环境中各系统一致。

图 2-4　审美一致的案例

2.3　产品零部件形态语言设定

2.3.1　零部件的设计原则

机床零部件一般分为专用件、通用件、标准件和外购件4类。零部件的正确设计和选购对于机床功能的实现和机床产品的造型美观、宜人性具有重要的意义。现代机床造型的特点是简洁、大方、单纯、精细，这就要求整体（机床总体方案）与局部（零部件）间在实现机床功能的基础上有良好的衔接配合关系。机床零部件都是由一些或简单或复杂的几何体构成，它们的表面造型也由不同的几何形构成。在机床总体方案确定后，进一步按产品各部分功能特点和相互的结构关系，将产品各部分结构功能所允许的适宜的几何形体有机组和在一起，构成产品整体几何形象。

为实现上述设计要求，零部件的设计应遵循以下几点，如表2-9所示。

表 2-9　　　　　　　　　　　　　　　　　　零部件设计依据

依　据	特　点	应用举例	图　示	分　析
适当的体量关系	零部件各部分之间，各部分与整体之间，以及各部分与细部之间的大小、比例关系应恰当和谐，符合尺度要求。常用的比例关系有：整数比例、均方根比例、黄金分割比例等。尺度要求：机床的整体和局部与人的生理和某种特定标准之间的大小关系应符合使用者的生理要求和使用环境要求	门仓		门仓长宽比为 1：2，视觉感觉舒适。门仓位置摆放恰当，比例适宜，外形美观，操作方便。门仓面积与机床正面面积比适宜
合理的美学原则	零部件的设计需合乎时代要求，造型美观大方，各部分比例恰当和谐。在线型、形体、色彩、材质等方面运用恰当的表现手法，体现产品特性及机械美学。形式美法则、比例美学、配色理论等美学原理都可运用到零部件设计中。最终效果应力求符合整体造型风格，简练雅致	手轮		手轮造型简洁大方，色彩雅致。运用橡胶为表面材料，手感良好，便于操作。与机床整体形态适配，缓和机床笨重感，使整体感觉自然协调
相对的功能特征分割	零部件设计需使机床的操作方便、省力、容易掌握，不易出现操作上的错误和故障，要求零部件功能分割明显，易于辨认，符合人机工程学	按钮		按钮功能区域划分清晰。放置位置在操作者最佳视野视距范围内。操作系统符合人生理心理特征，保证高可靠性的操作。排布合理规范，保证整体简洁美观

为了方便设计者区分辨识，我们将产品零部件列举如表 2-10 和图 2-5 所示。

表 2-10　　　　　　　　　　　　　　　　产品零部件列举表

编　号	名　称	功　能	特　征	备　注
1	视口窗	保持零件在加工时可见	玻璃的能见度要高	
2	把手	方便打开视口窗门	制作材质要保证感觉舒适	
3	手轮	控制刀具		
4	旋钮	控制刀具转速	刻度精准	
5	脚踏键	控制作用	上表面有一定摩擦系数	
6	警示灯	安全警示	红色亮起表示危险	
7	开关	机器电源开关	绿色按钮	按下为开
8	操作面板	各种按钮可安置在面板上	各种按钮位置安排合理	
9	摇杆	控制工件	符合手握姿势	
10	仪表盘	传达工作状态	上面有机器运行的各种参数	
11	通风口	散热		
12	圆形挡板	保证人员安全	有一定强度	
13	标示牌	提醒有关人员引起注意，向正确方面引导		
14	钣金	支撑机器，给机器足够强度		
15	边门	可观察机器内部，方便修理		两个
16	导轨	后门导轨	带滚轮，减少摩擦系数	
17	后门把手	开启后门	制作材质要保证感觉舒适	带锁把手
18	电机	机器动力原		
19	皮带轮	传动力		

编号	名称	功能	特征	备注
20	油标	查看机器内部油量		
21	储物柜	储放一些小型工具		
22	后门			
23	管道接口	接各种外接设备	各种接名称标明齐全	

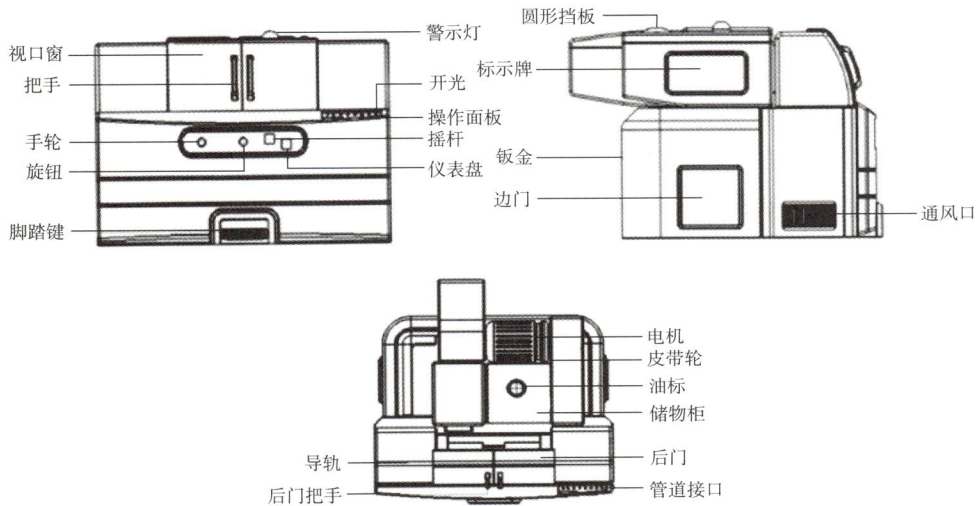

图2-5 产品零部件图

2.3.2 外部采购零件原则

1. 符合规划中产品统一的原则

外部采购零部件是机床加工生产过程中非常重要的一个环节，这将决定所生产产品的各项要素，所以在外部采购零部件进行一定的统筹规划是相当必要的。而且在统筹规划的过程中，可以总结出一定的原则来更好地帮助采购零部件。对于机床的零部件可以大致遵从零部件的功能适配、造型适配和体量适配三大原则。

下面举例说明三大原则的特点、如表2-11所示。

表2-11　　　　　　　　　　　产品统一的三大原则

原则	特点	应用举例	图示	说明
功能适配	以零部件的功能要素为依据进行选购	操纵手柄		对机床运行起到控制作用的零部件在选配时注意满足功能、强度以及人机工程学原理
造型适配	从塑造零部件特有形象方向来实现统筹规划	拉手		要求线形与机床风格配合得当，使冰冷的机器变得平易近人，打破厚重、钢硬的传统感觉

续表

原 则	特 点	应用举例	图 示	说 明
体量适配	以零部件的尺寸大小及其形态的重量感觉进行选配	脚踏板		根据机床规模大小选配，注意长宽高的比例，与相邻零部件的对比协调和节奏关系

2. 组合模拟方法

在零部件采购过程中，肯定会遇到一个部件多种品牌的选择和同一品牌中不同部件的选择。在这种情况下，零部件的选配除了要考虑其本身的功能、造型和体量的适配以外，还要注意各种混选情况的适配问题，如：几种零部件的组合能否相互协调衬托？能否与机床整体风格相符合？能否突出机床形象特色？这些都是设计人员和采购人员需要考虑的。

在这里提出零部件组合模拟的方法。通过这种直观的类比与整合，设计人员可以从整体造型与适配的角度出发，提出合理的采购建议，协助采购部门完成选配工作。

（1）多品牌的混选。以手动磨床为例，完成多品牌产品的组合模拟，如表 2-12 所示。

表 2-12　　　　　　　　　　　　多品牌手动磨床的组合模拟

零部件	把　手			手　轮			旋　柄		
品牌	华利	利达	中德	华利	利达	中德	华利	利达	中德
效果图									
平面图									

1）错误的组合方式。混乱的搭配，结构零散，缺乏整体性，零部件与机床整体间比例关系不和谐，部件的组和形态丑陋，不能够与机床整体风格相适应。选用的零部件，例如把手不符合人机工学，操作不便。

2）正确的组合方式。合理的搭配，零部件的选择与整体风格形态相适配，比例协调，线条搭配优美。功能区域分割明确，符合人机工程学，便于零部件的分辨与操作，如图 2-6 所示。

● 延伸阅读——组块原理

组块原理是指面对大量信息时，结合许多信息单元到有限数量的单元或大块，使得信息更加容易处理和记住。例如，两串数字 67799044 和 310104198711114786，一般情况下很难一次性将它们记住，但若将它们进行组块，变为 677-99-044 和 310-104-1987-1111-4786，将大大便于记忆。在通过设计传达信息时，应运用组块原理将信息有效地传达，避免大量信息使人们感到厌倦甚至恐惧。

3）组块是指若干较小单位联合而成的较大的单位信息，也指这样的组成单位。若从信息加工的角度来看，组块是人对信息进行组织或再编码。在对信息进行组块时，对于不同类型的信息有不同的操作。对于那些意义性不强、难以归类的信息，应力求从中创造出某种联系，赋予它们一定的意义；对于那些意义性强的，应力求抓住字面意义背后的深层意义进行深水平加工。

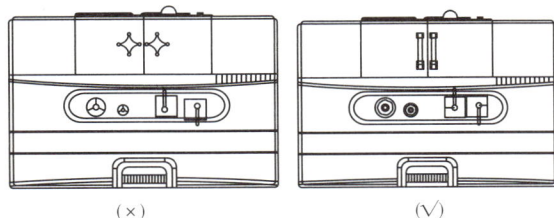

图 2-6　多品牌组合错误和正确方式的对比

组块的构成应遵从这些原则：外存化、简单化、形象化、问题化。

a. 外存化：人类的识记并非单纯为了储存知识，而是为了提取使用知识。随着科技的进步，各种高科技设备相继投入到日常生活中，尤其是电脑的普遍使用，更是让人们减轻很多记忆负担。这提示了人们借助电脑等设备来储存信息，以便今后的检索、提取。简单来说，信息组块的外存有助于知识的保存、检索和提取。

b. 简单化：将材料集合到一起，找出材料内容间的条理系统、逻辑结构、本质、规律等，使材料少而精、简而赅，以便引起联想，从而记忆全部内容。这样既能掌握共性和个性，又能掌握他们的相似点和相异之处。

c. 形象化：在领会和把握材料的规律、特征等基本内容的基础上，将有意义的识记材料转化为图表材料、图式材料，或者将无意义的材料组织为有联系的组块。形象化的图表组块可分为相似归类图表、对比归类图表、从属归类图表等。还可以采用图解方式来呈现材料内隐的结构关系，如关系图示、流程图示等，使材料形象化，促进整体把握和记忆。

d. 问题化：根据内容设计一系列相关的问题，形成问题组块，可以帮助整体加工和储存信息，达到"整体大于部分之和"的效果。设计问题组块，关键要有序有理。

①系列问题组块：即按一个特殊的、连续的序列将问题组织起来；②层次问题组块：即按材料的特征、性质限定问题的层次；③网络问题组块：按不同网络将材料设计为网络问题组块，能较好地激活原有知识，有助于信息加工。

（2）单一品牌的混选。单一品牌的混选与多品牌产品混选的方法类似，以手动磨床为例，完成单一品牌产品的组合模拟，如表 2-13 所示。

表 2-13　　　　　　　　　　单一品牌手动磨床的组合模拟

零部件	拉　手			手　轮			旋　柄		
效果图									
平面图									

1）错误的组合方式。搭配混乱，结构零散，没有体现出同种品牌的规范性与系列化。

2）正确的组合方式。搭配合理，很好地体现了系列产品的整体风格，与机床本体完美的配合，达到了应有的效果，如图 2-7 所示。

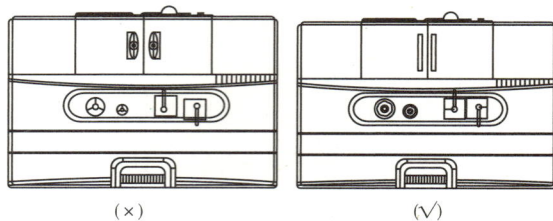

（×）　　　　　　　（√）

图 2-7　单一品牌错误和正确方式的对比

2.4　系列产品中色彩与形态关系

2.4.1　形态语言中色彩的表现

形态语言中的色彩表现如表 2-14 所示。

表 2-14　　　　　　　　　　　　形态语言中的色彩表现

特　点	说　明	图　示
色彩研究的重要性和必要性	色彩是视觉最响亮的语言； 色彩本身是没有灵魂的，它只是一种物理现象，但人们却能感受到色彩的情感。因为人们长期生活在一个色彩的世界中，积累着许多视觉经验，一旦知觉经验与外来色彩刺激发生一定的呼应时，就会在人的心理上引出某种情绪； 设计中的色彩是功能和情感的融合表达，在功能的表现上具有一定的共同认知个性（如红色表示警示，白色表示洁静）	
形态语言中色彩的表现	色彩的选择应格外慎重，一般可根据产品的用途、功能、结构、时代性及使用者的好恶等； 明度较高的鲜艳之色具有明快感，灰暗混浊之色具有忧郁感； 偏暖的色系容易使人兴奋，偏冷的色系容易使人沉静	

2.4.2　色彩语言带来的形态造型

色彩所带来的形态造型如表 2-15 所示。

表 2-15　　　　　　　　　　　　色彩所带来的形态造型

色　彩	说　明	图　示
黄色	崇高，尊贵，辉煌，爱情，期待叛逆，嫉妒，怀疑，色情，耻辱； 黄色明视度高，在工业安全用色中，常用来警告危险或提醒注意； 如交通号志上的黄灯，工程用的大型机器，学生用雨衣，雨鞋等，都使用黄色（大黄、柠檬黄、柳丁黄、米黄）	
红色	幸福，好运，富裕，欢乐庄严，热烈，兴奋，革命危险，警告，恐怖，专横； 红色容易引起注意，在各种媒体中也被广泛地利用，具有较佳的明视效果，用来传达有活力，积极，热诚，温暖，前进等涵义的企业形象与精神； 红色也常用来作为警告，危险，禁止，防火等标示用色，人们在一些场合或物品上，看到红色标示时，常不必仔细看内容，及能了解警告危险之意； 在工业安全用色中，红色即是警告，危险	

续表

色 彩	说 明	图 示
橙色	橙色明视度高，在工业安全用色中，橙色即是警戒色，如火车头，登山服装，背包，救生衣等； 由于橙色非常明亮刺眼，有时会使人有负面低俗的意象，这种状况尤其容易发生在服饰的运用上； 运用橙色时，要注意选择搭配的色彩和表现方式，才能把橙色明亮活泼的特征表达出来	
绿色	春天，青春，生机，平静，安全； 在商业设计中，绿色所传达的清爽，理想，希望，生长的意象，符合了服务业，卫生保健业的诉求； 在工厂中为了避免操作时眼睛疲劳，许多工作的机械也是采用绿色； 一般的医疗机构场所，也常采用绿色来做空间色彩规划即标示医疗用品	
蓝色	信仰，生命力，积极向上，乐观进取； 蓝色具有沉稳的特性，理智，准确的意象； 在商业设计中，强调科技，效率的商品或企业形象，业色，如电脑、汽车、影印机、摄影器材等； 另外蓝色也代表忧郁，这是受了西方文化的影响	
紫色	具有强烈的女性化性格； 在商业设计用色中，紫色也受到相当的限制，除了和女性有关的商品或企业形象之外，其他类的设计不常采用为主色（大紫、贵族紫、葡萄酒、紫深紫）	
褐色	在商业设计上，褐色通常用来表现原始材料的质感，如麻、木材、竹片、软木； 或传达某些饮品原料的色泽即味感，如咖啡、茶、麦类等； 或强调格调古典优雅的企业或商品形象（茶色、可可色、麦芽色、原木色）	
白色	纯洁，光明，坦率，美好； 在商业设计中，白色具有高级、科技的意象，通常需和其他色彩搭配使用； 纯白色会带给别人寒冷，严峻的感觉； 在使用白色时，都会掺杂一些其他的色彩，如象牙白、米白、乳白、苹果白	
灰色	在商业设计中，灰色具有柔和、高雅的意象，而且属于中间性格，男女皆能接受，灰色也是永远流行的主要颜色； 在许多的高科技产品，尤其是和金属材料有关的，几乎都采用灰色来传达高级、科技的形象； 使用灰色时，大多利用不同的层次变化组合或搭配其他色彩，才不会过于朴素、沉闷，而有呆板，僵硬的感觉	

2.4.3　一种形态语言下所带来的色彩造型方式

色彩选择如表 2-16 所示。

表 2-16　　　　　　　　　　　　　　　　色彩选择

色　彩	说　明	图　示
以黄色为主	红色作为某些部件的颜色也有凸显效果； 黄色占据 60%～70% 的比例； 绿色用来协调黄色带来的视觉疲劳	
以灰色为主	白色灰色为主调，其中必须配有一定量的鲜艳色，做到机床的区域划分，同样使操作者心情不用太过沉闷严肃； 白色占 60% 左右。有高科技感的"蓝调"，适合数控等科技含量高的机床； 若是其余部分使用深色配色，那灰色部分也最好使用深灰色，使整体更协调	
以绿色为主	以往在我国的机床上都以绿色占大比例，造成视觉的审美疲劳，但绿色是非常适合于机床的颜色。建议在配色中适当减少绿色，以起到划分工作区域的效果	
以黑色为主	使用 30%～50% 的黑色，黑色太多太压抑，不能使操作者在明朗愉快的心情下工作； 50% 的白色配上 30%～40% 左右的黑色，10%～20% 的黄色； 也可以配一点用作警戒的颜色，最好选择红色	

2.4.4　色彩对形态的意义

色彩对形态的意义如表 2-17 所示。

表 2-17　　　　　　　　　　　　　　　　色彩对形态的意义

色彩的塑造	说　明	图　示
色彩对形态重量的塑造	淡的颜色——使人觉得柔软； 暗的颜色——使人觉得强硬； 明的颜色——给人轻的感觉； 暗的颜色——给人重的感觉； 颜色按"重量"从大到小排列成如下顺序：红、蓝、绿、橙、黄、白； 在产品中一般明色在上，暗色在下则安全，反之则有动感	
色彩对外界注意力的影响	人的视觉器官在观察物体时，最初的 20 秒内色彩感觉时间占 80%，而形体感觉时间占 20%；2 分钟后色彩占 60%，形体占 40%；5 分钟后各占一半，并且这种状态将继续保持； 色彩给人的印象迅速，使人增加识别记忆，是最富情感的表达要素，可因人的情感状态产生多重个性	
色彩对形态体积的塑造	暖色、明色有前进、膨胀的感觉，冷色、暗色有后退、缩小的感觉； 如白色具有膨胀的感觉，黑色具有退缩感	

色彩的塑造	说　明	图　示
色彩对细节的塑造	在机床中，活动的工作台、滑板等零件采用浅色可以消除人的沉闷感； 　　这些零件又是运动部件，且面积较大，不宜用刺激性强的色，以免引起人的视觉疲劳，降低工作效率； 　　面板上的按钮键，各色手柄手轮，都可以采用不同的色彩进行编码和区分，突出重点部位，使操作者反应快速，操作准确，而满足人机协调的关系	
色彩对产品认识的塑造		

2.5　比例美学在形态语言中的应用

2.5.1　合理的比例

　　凡造型都有比例与尺度的问题。"比例"是造型对象各部分之间，各部分与整体之间的大小关系，以及各部分与细部之间的比较关系；而"尺度"则是造型对象的整体或局部与人的生理或人所习见的某种特定标准之间的大小关系。

　　美的造型都具有良好的比例和适当的尺度。造型的比率美，可以认为是一种用几何语言和数比词汇去表现现代生活和现代科学技术美的抽象艺术形式。正确的比例尺度，是完美造型的基础（见表2-18和表2-19）。

表2-18　　　　　　　　　　　　　　　合理的比例

比例关系要素	概　述	实　例	
产品自身长宽高比例	正确造型设计的次序应该首先确定产品的长宽高尺度，然后根据尺度确定和调整造型物的比例。比例在不违背产品功能和物质技术条件的前提下可呈多种变化组合	属于立式CNC车铣加工中心机床的尺寸为1500mm×1500mm×80mm，其中长宽1∶1的比例给人稳重、公正的感觉，长高1∶2的比例给人文雅与造型感	液晶数控车床机床的尺寸为1670mm×810mm×1500mm其中长宽1∶1的比例给人稳重、公正的感觉，长高1∶2的比例给人文雅与造型感
功能要求体现的比例	从功能特点出发来确定造型的比例是产品比例构成的基本条件，造型首先要考虑适应功能的要求，又尽量使造型样式优美，两相兼顾，决定造型各部分的尺寸大小和比例关系	卧式的机床用于加工细长件的工件其长高比大约为1.5∶1给人一种稳重感	立式的机床主要用于加工高而短的工件，其长高比大约为1∶1.3给人一种轻巧感

比例关系要素	概 述	实 例		
人机要求体现的比例	根据特定的群体来设定比例尺寸，设计人机系统时如何考虑人的特性和能力，以及人受机器、作业和环境条件的限制，产品的比例尺寸要满足人的需求	16：10 比例的屏幕更符合人体美学，在实际生活中，人类左右调整视线是比上下调整视线更方便和容易。其中 3：2 的比例有舒适、科学的感觉	六脚椅子其尺寸比例根据人的体型比例而设计可以调节的比例高度更好地满足了人们的需求	
技术要求体现的比例	产品按不同科学原理所设计的结构方式是随技术条件和材料而改变的，产品的尺寸比例也势必随之而变	皮带传动结构的机床结构庞大，不利于外形比例的设计，形成矮长的比例从而使操作不便	采用齿轮传动系统的机床结构紧凑合理，便于外形比例的灵活设计，使得操作更为便捷	

表 2-19 　　部件与部件的比例、环境与产品的比例、人与产品的比例分析

比例关系	图 示
部件与部件的比例	
环境与产品的比例	
人与产品的比例	

2.5.2 比例的数字体现

现代设计中要符合严谨简单的比例数值关系，在分割中相互间也要具有良好的比例形式。常有的比率有：整数比、等差数列、贝尔数列、相加级数比、调和数列、等比级数比、黄金分割比、动态均整比等。

在机床的设计中，同样要考虑很多的比例数据，这样才能够设计出符合功能技术人机等各个方面的优秀造型。如表 2-20 和表 2-21 所示，可以在设计过程中对于具体项目进行比例的设定。

表 2-20	主体比例设定
机体比例设定	人与机体的比例设定
	机体长宽比例设定
	机体长高比例设定
门仓比例设定	门仓长宽比例的设定
	门仓宽度与机床高度的比例设定
	门仓突出厚度与机床宽度的比例设定
	门仓左侧边缘距与右侧边缘距的比例设定
	门仓到机床边线距离与机床长度比例设定
操作面板比例设定	操作面板的长宽高比例设定
	操作面板厚度和机床宽度比例设定
	操作面板的高度与机床高度的比例设定
	操作面板左侧边缘距与机床长度的比例设定
	操作面板悬臂梁深度与机床宽度的比例设定

表 2-21	机床产品各部件的比例关系分析
门仓把手比例设定	把手的长度和宽度比
	把手的长度和门仓的宽度比
	把手离仓延的距离与门仓的长宽比
通风口比例设定	通风口的长宽比
	边框的长与机宽比
	通风口的宽与机床的高度比
	通风口的左侧边缘距与机床的宽度比
视口窗比例设定	视口窗的长宽比
	视口窗长与门仓长的比例设定
	视口窗离仓延的距离与门仓的长宽比
按键比例设定	按钮的直径与厚度的比例设定
	按钮边缘距与控制面板长宽的比例设定
开关比例设定	开关的长宽比例设定
	开关的边缘距与操作界面的长宽比例设定
	开关的长宽与操作界面的长宽比例设定

根据比例美学的理论依据，对于实际的机床设计，从机体、门仓、操作面板、底座、边门等方面规范出具体的数值范围，在今后的机床设计中可以得到应用（见表 2-22）。

表 2-22　　　　　　　　　　　　　数据机床比例关系分析

机床型号	要　素	比例数值范围	依　据	图　示
数控大型	机体比例设定	$h:l=1:2.5 \sim 1:2.7$ $W:l=1:2.3 \sim 1:2.5$	约为 1：2.5 的机床整体比例给人以文雅、高尚感	
	门仓比例设定	$h:l=1:2.6 \sim 1:2.8$	约为 1：2.5 的门仓比例给人以亲近、灵动感	
	操作面板比例设定	$w:l=1:1.5 \sim 1:2$	约为 1：1 的操作面板比例给人以理性、踏实感	
	底座比例设定	$h:H=1:8.8 \sim 1:9$	约为 1：9 的底座比例给人以精致感。使机体刚中带柔	
	边门比例设定	$w:l=1:0.8 \sim 1:1$	约为 1：1 的边门比例给人以简洁、公正感	
数控中型	机体比例设定	$h:l=1:1.9 \sim 1:2.1$ $w:l=1:2 \sim 1:2.2$	约为 1：2 的机床整体比例给人以沉稳、厚重感	
	门仓比例设定	$h:l=1:1.8 \sim 1:2$	约为 1：2 的门仓比例给人以流畅、易亲近感	
	操作面板比例设定	$W:l=1:1.4 \sim 1:2$	约为 1：1.5 的操作面板比例给人以肯定感	
	底座比例设定	$h:H=1:6.9 \sim 1:7.1$	约为 1：9 的底座比例给人以稳重感。使机体达到变化与统一的和谐	
	边门比例设定	$w:l=1:1.9 \sim 1:2.1$	约为 1：2 的边门比例给人以素雅，含蓄感	
数控小型	机体比例设定	$h:l=1:1.4 \sim 1.6$ $w:l=1:1.7 \sim 1:1.9$	约为 1：1.6 的机床整体比例给人以亲切感	
	门仓比例设定	$h:l=1:0.8 \sim 1:1$	约为 1：1 的门仓比例给人以柔和感	
	操作面板比例设定	$w:l=1:1.2 \sim 1:1.4$	约为 1：1 的操作面板比例给人以肯定感	
	底座比例设定	$h:H=1:7.6 \sim 1:7.8$	约为 1：7.5 的底座比例给人以稳定感	
	边门比例设定	$w:l=1:1 \sim 1:1.2$	约为 1：1 的边门比例给人以质朴感	
半自动小型	机体比例设定	$h:l=1:1.1 \sim 1:1.3$ $w:l=1:1.1 \sim 1:1.3$	约为 1：1 的机床整体比例给人以和谐，舒适感	
	门仓比例设定	$h:l=1:0.9 \sim 1:2.1$	约为 1：2 的门含比例给人以轻巧、流畅感	
	操作面板比例设定	$w:l=1:2.7 \sim 1:2.9$	约为 1：2 的操作面板比例给人以可靠、严谨感	
	底座比例设定	$h:H=1:9.5 \sim 1:9.7$	约为 1：10 的底座比例给人以轻巧感，使机体更平易近人	
	边门比例设定	$w:l=1:0.9 \sim 1:1.1$	约为 1：1 的边门比例给人以含蓄感	

●**延伸阅读——简单法则**

简单法则是一种对于模糊的形象完整而简单化地解释的趋势，而不是将其复杂化却趋于不完整。

简单法则是与"格式塔"完形知觉法则相关的一系列法则中的一个。它所阐明的是，当人们面前呈现一系列模糊的元素时（这些元素可以被多种不同方式解释），通常会用最简单的方式去理解它们。这里的"最简单"指的是含有尽可能少而并非多的元素，以及含有尽可能具有对称性而并非不具对称性的成分，并且普遍遵循"格式塔"完形知觉法则。

这种将认知的形象尽可能简单化回忆的趋势表明，认知资源会被转译和编码成更加简单的形式。这就表明，如果一个形象最初就很简单，就不需要那么多的认知资源。研究支持了这一观点，并证实人们更容易理解可视化进程，也更容易记住简单图形而并非复杂的。

举例来说，一系列边缘相重叠的图形会可能被看做是紧邻或相重叠着的。当这些图形变得更加复杂时，最简单的理解方法是将它们看作像拼图一样块块相连。而当这些图形变得简单时，最简单的理解方法则是将它们看成一个叠着一个。这个定律近似于唤醒记忆的方法。例如，当人们回忆各个国家在地图上的位置时，往往比实际的更有序和对称。

因此，在设计中，我们应将元素的数量减至最少。需要注意的是，较之不对称的成分，对称的成分更加稳定并且容易被感知。当使用效率被看做重点时，首选具对称性的成分；即是说，优先选择非对称的成分时，注重的是趣味性。综合考虑所有的"格式塔"完形知觉法则（闭合律、共同命运律、图形背景相关律、连续律、接近律、相似律和一致律）。

2.6 形态语言在环境中的实现

2.6.1 设定的环境语言中的实现

设定的形态语言需要考虑的环境因素，如表2-23所示。

表2-23　　　　　　　　　　　设定的形态语言需要考虑的环境因素

环　境	概　述	实　例	图　示
厂房	（1）形态语言的定位要准确，机床是放置于厂房中使用。 （2）厂房的空间很大，首先会给人一种空旷感。机床简单的方形结构设计会产生一种呆板死气沉沉的感觉。 （3）于是在这样的大环境影响作用下，设计师们对于机床的外部形态都进行了一定的考量，流线形与弧面的运用使机床产品更具设计感与生命力	大众汽车厂的机器设计半圆形像钳子的外形设计给人一种灵活与安全感，同时又考虑到了工作人员使用的便捷	

续表

环　境	概　述	实　例	图　示
展会	（1）各类展会为产品的展示宣传提供了一个平台，因此产品的形态语言同时也要考虑到一些特定的场合如展会环境。 （2）展会中的机床的设备的摆放比起厂房相对集中，这就会影响人们对于机床产品形态语言的直观理解。 （3）在展会上还会有灯光、地面等一些场地环境的因素，这些都会影响到人们对于产品本身的形态语言的感受	展会中多会铺置红地毯，并且也会有很大的客流量，人们在展会这种特定的环境，对于产品的造型外观的感受会更直接，例如图中的红地毯上的机床立刻给人一种稳重、牢靠、公正的感觉	 
宣传	（1）目前产品的宣传方式除了展会之外，更多的是通过网络与宣传册的方式，因此产品的形态语言也要考虑到这种环境下的语言。 （2）机床网站的配色主要以蓝灰色为主，蓝灰色给人沉着、理智的感觉。 （3）这样能消除人们面对机床类机械产品时的焦虑紧张感。更能使机床能展现出其精密感与比例美学的美感	例如，一些经营机床类产品的企业网站的设计都很简洁明快，这样的网站设计风格使机械类产品更给我们一种专业、理智的感觉	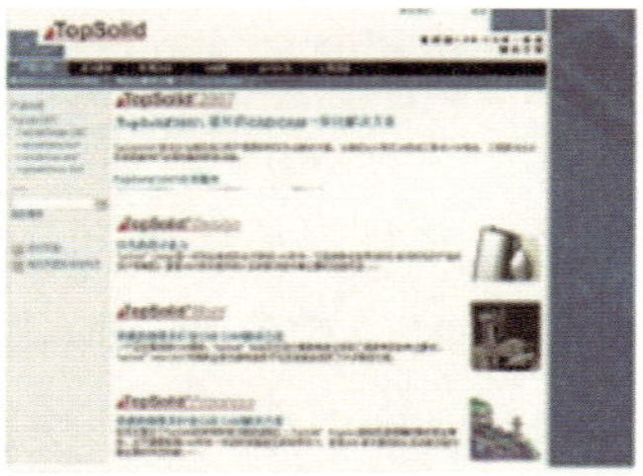 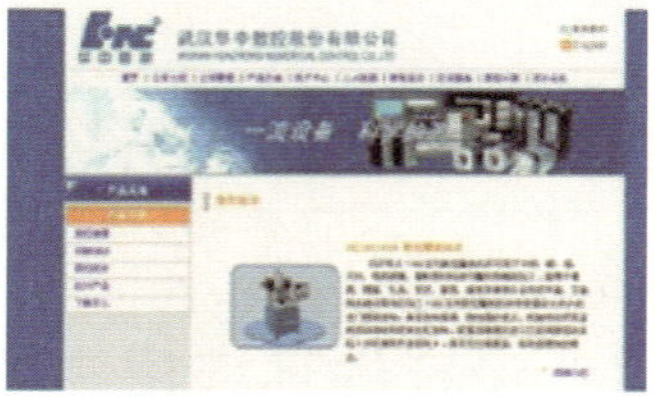

2.6.2　不匹配的环境中如何对形态语言进行调整

不匹配的环境中如何对形态语言进行调整，如表 2-24 所示。

表 2-24　　　　　　　　　　不匹配的环境中对形态语言进行调整

装饰项目	概　述	实　例	图　示
平面装潢	通常在展示机床产品时周围会有一些平面的装饰物，例如机床边的产品说明或广告显示屏等，这些平面装饰要与产品的形态语言相匹配	例如图中展会上的产品说明或广告显示屏的设置与机械类产品的色彩及形态语意都相互匹配	 

续表

装饰项目	概　述	实　例	图　示
外加组件装潢	在厂房中大型机床的造型设计给人一种庞大的体量感，同时大型机也会给人一种不安全难以驾驭的感觉。因此对于有这类形态语言特征的设备就要进行外加组件的装饰。在机床上与机床周围可以适当的添加一些护栏、扶手等部件，同时也使工作人员的操作更为安全	宝马的厂房中就设置了此类的大型机器，机床周围黄色的栏杆给人一种安全感，消除了机床给人带来的心理负担	
灯光装饰	随着天气等自然环境的变化影响，放置在厂房中的机床会产生与厂房环境不匹配的情况，这时就需要灯光的修饰。适度的运用灯光能使产品保持其固有的形态语言	在车展上场地的设置有时过于紧密，这样会影响车体原本的造型感觉，流畅的线条设计感可能会被破坏，这时展会的灯光修饰就会解决这一问题，多角度灯光的照射能把车流线形的语言准确地传达给人们	
地面等环境因素修饰	环境地面的不同会影响产品的外观形态给人的感觉，从而也会影响产品的形态语言的传达。国外企业车间地面以灰色、浅蓝色和白色为主，国内单位的车间以白，灰及淡绿色为多，车间色彩环境较为明亮。在这样的色彩环境下，机床设备更能给人一种品平稳，清洁，明快的感觉	例如，汽车床中的地面运用的是浅色类似木材颜色的特殊材料，地板运用的是玻璃材质，使车体给人一种通透的感觉，更增加了车辆造型的美感	

●延伸阅读——奥卡姆剃刀定律

奥卡姆剃刀暗含着一个思想，没有用的元素会降低一个设计的有效性，并且增加了不能预料的结果的可能性。无必要的重量，无论是物质、视觉还是认知上的都会降低设计表现能力。不必要的设计元素有潜在的失败因素或是产生出问题。同样，简单的设计是一种美学的吸引，就好比减去设计中无用的元素，移走杂质，这样就是干净的设计。

运用奥卡姆剃刀定律去评估，并从多样的功能、一样的设计中选择。在这里功能相等指在一般的测试中设计表现的比较。例如，两个功能相同的产品，在信息内容上和可读性上都相同。选择其中一种可见元素较少的设计。评估选择的设计中的每一个元素，并尽可能多地移走对功能没有用的元素。最后，把保留下来的元素尽可能地减少到没有无关功能的元素。

（1）如无必要，勿增实体——William of Ockham。

（2）需要得越少就越好、越有价值，在其他情况下也是这样的——Robert Grosseteste。

（3）自然界选择最短的道路——Aristotle。

（4）如果某一原因既真实又足以解释自然事物的特性，则我们不应当接受比这更多的原因——Lsaac Newton。

（5）万事万物应该尽量简单，而不是更简单——Albert Einstein。

图 2-8　Google 设计

雅马哈简洁安静的大提琴是简洁达到最低限度的大提琴，只留下了那些演奏者需要触碰的部分，音乐师可以通过耳机听到如音乐会一般的大提琴音质，或者通过扩音器做公众表演。这个大提琴同样能够简单地被折叠，方便运输和储存。

同样当其他 Internet 的搜索引擎通过广告来运营时，Google 保持它简单并且有效的设计，这使得在网上搜索变得很简洁，很好用（见图 2-8）。

第3章
Chapter3

应用"寻点网格画法"的产品 改良平台构建

3.1 寻点网格画法的意义

3.1.1 产品表达的感性与理性

在进行产品改良之前通常应该先要比较准确地认知产品的现有特征，产品的表面线条就是表达产品特征的重要载体之一。在以往的教学体系中，产品表面线条特征的呈现，往往采用的是较为感性的方式，比如速写。这样做从感性上来说是具有优势的，主要有两点：①一千个人心中有一千个哈姆雷特，它对于对一件产品的理解大有裨益，容易在多元的维度上对产品进行富有情感的主观认知，从而对改良创造众多的可能性；②感性可以成就经验，当无法衡量的感性经历长久的实践成为一个设计者所独有的感知与能力时，就造就了被广泛承认的经验，对有经验设计师是信任和依赖的，在很多人的眼里，似乎设计领导者的观察角度和设计手段都异常独到，他们可以通过将产品表面某条线段的稍稍抬起便解决了产品的线条定性问题。

但是从理性的角度考虑，这样的产品表面线条的表达方法无疑造成了设计过程的模糊性和随机性。首先，每个人对产品特征感知都会有较大差异，同时对特征的描述方式以及准确度也因人而异，不同的人来表达同一件产品的特征自然也会产生差异化的呈现结果，有时甚至会相去甚远；其次，经验值得依赖的程度是有限的，其浓重的主观色彩性也会使表达容易受各种条件变化的影响，比如一个有经验的设计师在不同的时间对同一根线条的表达不会完全一致，不同的心情甚至天气都会对他们的思绪产生影响。

所以，完全依靠视觉或语言等感性的手段来描述产品特征是不牢靠的，它对设计者的主观能力水平过于依赖，即工具性较差，能力高的设计者可以很好地表达自己观察到的产品的特征，而能力水平较低的设计者就会产生表达障碍，甚至束手无策。这在某种程度上限制了一些人成为一名设计者的可能性，同时也造成了表达准确性的缺失，对一些需要量化的后续分析，比如尺寸、角度界定等，少有帮助。当然，在初步接触产品设计或者仅需感性地认知产品时，主观的设计表达方法是必要而有效的，但是考虑到提高产品特征表达的工具性、产品的细化描述和准确性上，应该多尝试运用更加基于科学和理性的手段。

3.1.2 产品的表面线条

从主观上来说，人类更倾向于表达具有稳定的闭合轮廓的物体，稳定的闭合轮廓是认知动物、植物和物品的基本载体，我们无法描述类似水这种柔性物体的形状，因为他们缺少一个稳定的闭合轮廓。从这个角度来说，产品表面存在的轮廓线条一定是正确描述产品的必要条件。

产品的表面线条通常有 3 种类型：可视线条、结构线、轮廓线。

就可视线条而言，这往往是产品表面看得见的线条，例如分型线、产品表面因空间塌陷或抬起产生的闭合线条等。简而言之，肉眼可以看见的由产品表面结构构成的线条都属于此。

结构线则相对复杂，它们往往是看不见的，产品表面有几何形态的凸起和塌陷应该说都是相当常见的，所谓的这些结构线实际上也就是构成这些几何形态的闭合线条和与之链接的路径线，可以想象成在三维软件中构建规则或不规则形体时，采用放样、拉伸、旋转等手段之前构建的引导线和截面轮廓线。这对抽象的理解形体会有极大的好处，正确的在产品中标注结构线也可以让阅读者更好地对产品进行理解。

轮廓线相对来说应该是好理解但却最难把握的，应该说从任意角度观察产品，产品都具有与之对应的轮廓线，这在很大程度上形成了对物体的基本看法。但是，观察产品的角度是需要千变万化的，这样才能对物体进行更为全面的认知，所以众多的观察角度就必然会产生一件产品的众多轮廓线，所以在产品的草图画法阶段就应该充分地认识到这一点，否则产品的"缺陷"从轮廓线绘制之时就已诞生。

3.1.3 寻点网格画法的基本内容

寻点网格画法是一种由产品的二维工程图较快速、准确、方便地转换为产品轴测图的辅助手绘表达方法。其概念的要点是"寻点"和"网格"，其实现的理论依据是工程图学中的投影与视图形成原理。它的基本思路是：首先构建出适宜的轴侧视角的网格三维空间，然后将已知产品的三视图按空间投影关系转换到网格空间里，接着分别在转化后的产品三视图中对应寻找产品外形轮廓线上重要的"点"，最后根据投影原理实现产品轴测图的重建。

这里需要指出的是，大部分的设计初学者都存在这样一个现象，就是从产品轴测图推导产品三视图一般都没有太大的问题，而反过来从产品三视图推导产品轴测图却往往差强人意。从产品轴测图推导产品三视图的空间想象力很多人都很擅长，例如曾经有一家日本汽车设计公司来学校招聘，其中一个测试题目就是给出产品轴测图，然后让学生想象产品六视图，这个难点主要在于无论哪个角度的轴测图，毕竟有 3 个面在图中是无法呈现的。不过学生做得都不错，因为画法几何课程主要也是在教授从三维到二维的转变。不过，似乎大部分人都在忽略一个问题，就是产品应该从二维入手，还是从三维入手？目前，对大部分的设计高校学生来说，产品草图课程是必不可少，同学们都已在很短时间内快速在纸上勾勒设计对象的形态作为学习目的，很少有学生是在二维草图和三维草图之间进行反复推敲，似乎有了初步的三维草图，产品就可以进行定调，然后就是进入建模阶段了。其实说到建模，以 Solidwork 为例，每个人建模的流程应该是先进行二维草图的绘制，然后才通过特征、曲面等手段将产品三维化。即使在 3D 草图中，也是一个视图一个视图的逐步完成，在没有得到二维草图之前，谁也没有办法将产品成型，但是在设计草图阶段，却很少有人真正地关注产品的二维视图。即使关注，也远远达不到将二维图和三维图之间进行无缝链接的水平。这中间主要有以下三个原因。

（1）设计师都希望可以更快地完成设计过程，所以直接进行三维创作当然比二维创作要更快一步，因此设计师们就逐渐放弃了这项手段，我曾经访问过一家知名的汽车设计公司，当谈到这个问题时，一个设计总监告诉我，他只见过一个60多岁的意大利汽车设计师还能熟练地在二维图纸和产品轴测图之间进行无缝设计。效率当然是设计师应该追求的，但就像胡适所说，凡事都需节制，节制亦然。

（2）不是每一个设计师都能认识到产品的二维视图对产品的影响，其实很难想象一个丑陋的产品三视图却能带来一个优雅的产品轴测图，所以产品二维视图和三维视图有着天然的紧密关系。

（3）最后一个原因是技术层面的，软件技术的发展可以轻易地进行无纸化设计，设计图学领域还曾发起过"甩图板"运动，现在任何设计师都可以在工程软件中实现产品二维视图和三维视图间的无缝转换，但是作为工业设计师来说，设计活动有其自身的内容和规律，设计之初大量的创意开拓是业界普遍的认可，不可能对每一个想法都在软件中去仔细推敲，所以手绘模式在现阶段还是非常重要的，但是传统的方法又太过于粗犷、简单，因此，大概很多设计师心中都会有一个问题，是不是有一种折中手段在手绘草图和工程软件建模之中呢？这也就是网格化法诞生的土壤。

3.2 三视图中的网格设置（三维网格空间的设置）

要进行寻点网格画法的运用，第一步就是先设置好一个适宜的轴测视角的三维网格空间。三维网格空间的设置直接决定了最后绘制的产品轴测图的视角，是使用寻点网格画法进行快速手绘重建产品轴测图的前提。

三维网格空间的理论依据依旧来源自工程图学中的三投影面体系的建立。

空间互相垂直的三个直角坐标面（XOZ、XOY、YOZ）将空间分成八个分角，如图3-1所示，我国采用第一分角画法。第一分角中 XOZ 做表面称为正立投影面，用字母 V 表示，简称 V 面；XOY 坐标面称为水平投影面，用字母 H 表示，简称 H 面；YOZ 坐标面称为侧立投影面，用字母 W 表示，简称 W 面。三根坐标轴 OX、OY、OZ 称为投影轴，简称 X 轴、Y 轴、Z 轴；XYZ 轴的交点称为原点 O，如图3-2所示。三根轴的指向为：X 轴方向为左右方向，可以沿 X 轴方向度量物体的长度尺寸；Y 轴方向为前后方向，可以沿 Y 轴度量物体的宽度尺寸；Z 轴方向为上下方向，可以沿 Z 轴方向度量物体的高度尺寸。设立三维网格空间也就是在第一分角的概念上建立的。

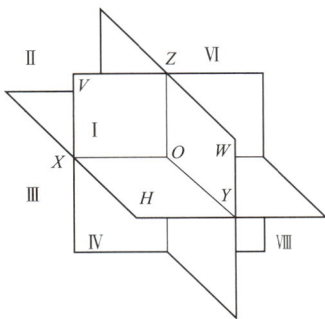

图 3-1

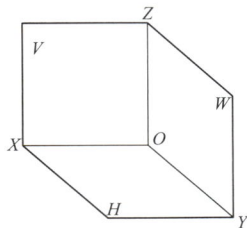

图 3-2

3.2.1 轴测角度的选定

围绕要手绘得到产品轴测图的目标，根据空间视角的唯一性，设置的三维网格空间也必须是轴测图的视角。在这里，首先要明确轴测图的概念。在工程图学中，将物体连同其直角坐标系，沿不平行于其任一坐标平面的方向，用平行投影法将其投射在单一投影面上所得到的具有立体感的图形称为轴测投影图。

在轴测投影中，有一个对选定"寻点网格画法"中的三维空间网格尤为重要的概念——轴向伸缩系数。

在轴测投影中，空间坐标轴 OX、OY、OZ 上的单位长度 u，投影到轴测投影面上，在轴测图 O_1X_1、O_1Y_1、O_1Z_1 上得到投影长度分别为 i、j、k，如图 3-3 所示，则它们与空间坐标轴上的单位长度 u 的比值成为轴向伸缩系数。设 p_1、q_1、r_1 分别为 O_1X_1、O_1Y_1、O_1Z_1 轴的轴向伸缩系数，则 $p_1=i/u$，$q_1=j/u$，$r_1=k/u$。

根据投射方向相对轴测投影面的位置不同，轴测投影可分为两类：投射方向垂直于轴测投影面称正轴测投影；投射方向倾斜于轴测投影面称斜轴测投影。这两类轴测投影又可根据各轴向伸缩系数的不同，分为以下三种。

（1）当 $p_1=q_1=r_1$，称正（或斜）等轴测投影。

（2）当 $p_1=q_1 \neq r_1$ 或 $p_1 \neq q_1=r_1$ 或 $p_1=r_1 \neq q_1$，称为正（或斜）二等轴测投影。

（3）当 $p_1 \neq q_1 \neq r_1$，称为正（或斜）三轴测投影。

通过对轴向伸缩系数的了解，可以很明确地看到正等轴测图在绘制时将会呈现出的优点，那就是在 XYZ 空间坐标轴上的长度伸缩程度相同，即 $p_1=q_1=r_1$，这样在进行产品的轴测图转换时就可以忽略空间视角转换时产品尺寸的伸缩，而不会造成产品轴测视角下的形态变形，产品依然能保持稳定、正确的形体关系，只不过是按照轴向伸缩系数等比例放大了而已，对手绘重建并认知产品的轴测形态没有影响。可以忽略轴向伸缩系数的影响也意味着我们可以简便地利用同一件转换辅助工具就可以完成产品三视图的网格空间转换。

因此，把正等轴测视图空间设置为"寻点网格画法"最适宜的轴测视角三维网格空间，三个坐标轴的夹角均为 120°，如图 3-4 所示。

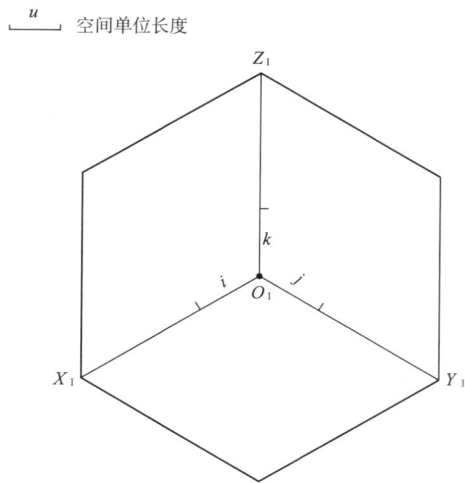

图 3-3

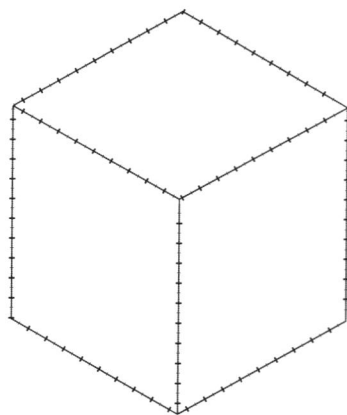

图 3-4

3.2.2 网格化

网格化就是在以 XYZ 轴确定好的三维空间里面，将每个空间面都根据统一的刻度布上一层具有一定密度的经纬线，其密度要与整个三维空间视图的大小相适宜。网格化的本质其实还是坐标度量的显性化，其目的是方便辅助在三视图转化以及轴测图的绘制时点的定位，以达到在转换过程中定位的精准和转化的高效，如图 3-5 和图 3-6 所示。

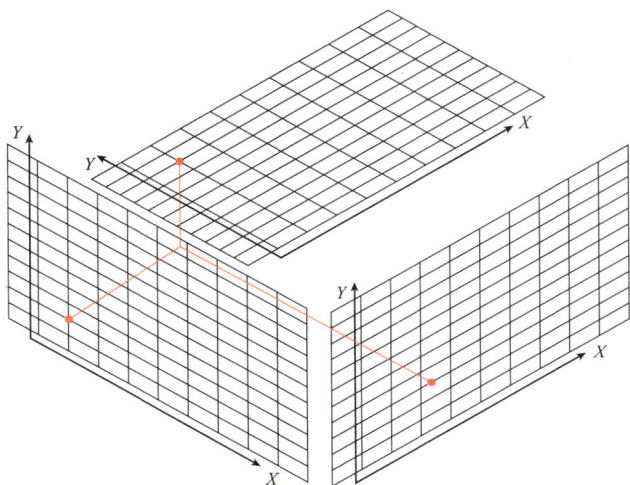

图 3-5

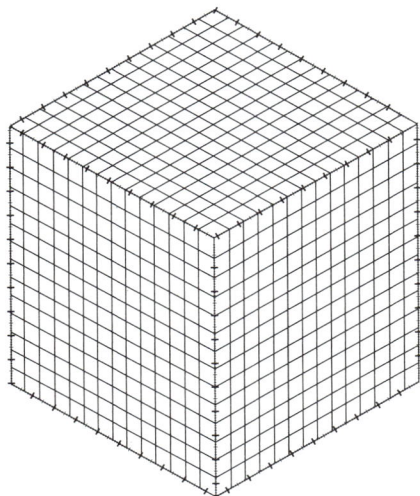

图 3-6

需要指出的是，理论上，把已知产品的三视图转换到三维网格空间中，需要以同样的度量对已知产品的三视图进行网格化，然后在网格化后的三视图中寻找产品线条的关键点，在三维网格空间的坐标平面上按照对应的坐标位置进行一一定位，点越多转换越精准，最后以平滑的曲线相连，从而完成三视图的转换。由于在产品三视图转换中我们设计了一款高效的辅助工具——转换尺，因而上述的产品三视图的网格化可以省略。

辅助工具"转换尺"，相当于简化了三视图的网格化，利用它可以直接将已知产品的三视图转换成轴测视角的三维网格空间中的三视图。该工具是将条状的透明板纵向排列并将其两端连接，从而使每条透明板可以以两侧的固定点为轴自由转动，如图 3-7 所示。

在使用过程中，先在工具呈正方形的状态下（见图 3-8）用笔将产品三视图复制到该工具上，然后通过拉伸透明板组成的平面使其角度发生变化，直至调整到与三维网格空间的坐标平面角度相重合为止（见图 3-9），此时先前画好的产品三视图已经变换完成，再用笔将尺上变换过的三视图描绘在相应的三维网格空间坐标面上，这样就简单、快速、准确地完成了产品三视图向轴测网格三维空间三视图的转换。

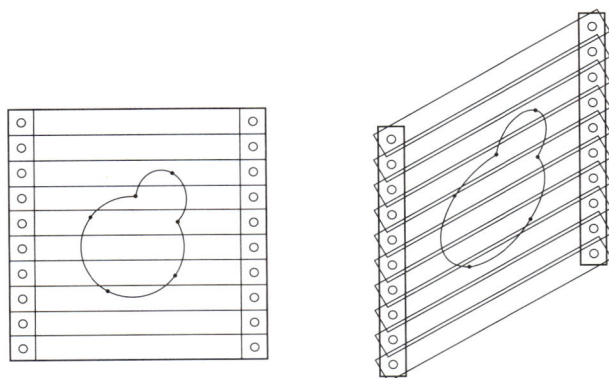

图 3-7

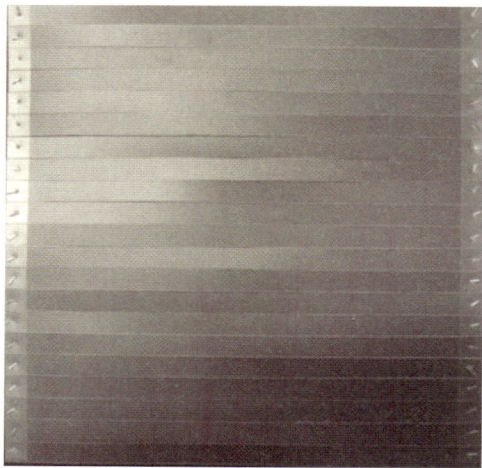

图 3-8

图 3-9

在产品工程三视图转换到轴测网格三维空间的过程中，其在网格三维空间坐标面上的布局要严格遵守空间视图的投影关系，如果布置错误则直接影响接下来的产品轴测图的绘制。

3.3　正等轴测图中的寻点

众所周知，面是由线构成的，线是由点构成的，因此确定一个产品的形态关键是确定好产品形态上点的位置，这也是寻点网格画法的重要含义之一。

运用寻点网格画法，通过手绘来得到产品轴测图的绘制过程，并不是像计算机一样需要做到严格缜密的程度，只是在感性随意的传统手绘速写与理性严格的计算机语言之间，找到一个可以兼顾两者优点的实用性的绘图方法，是有一定的模糊容许度的。因此需要"寻点"，因为并不是所有的点都是重要的，只要确定出能够决定一个线条的特征的关键点，就可以以一定的精准度将产品表面线条表达出来，从而可以以一定的精准度将产品的轴侧空间形态表达出来。

比如产品表面线的直线段特征点就是直线段的两个端点，因为根据直线的定义，空间一点沿定方向运动其轨迹就是一条直线，因而直线可由一点和一方向确定，或由直线上任意两点确定。而产品表面线的曲线段特征点的确定就要复杂一些，根据曲线段的形态特征，其端点和拐点（也就是曲线的曲率相对很小的几处）可以基本确定一条曲线段的形态，如图 3-10 所示。

在这里需要特别指出的是，产品表面线中曲面的母线和导线对于产品曲面空间形态表达具有非常重要的意义，特别是对拥有大面积连续曲面的产品。根据日常观察物体的经验可以发现，一个大的连续曲面在空间中通常只有一条可视的形态线条，那就是它的轮廓线，而其曲面的起伏变化则主要靠光影关系被认知，如果除去光影关系的呈现，那么只凭一条曲面的轮廓线是很难定义一个曲面的具体形态的。因此必须引入曲面母线和导线的概念，通过轮廓线＋母线＋导线的表达，才能最基本准确地用线条来表达一个曲面，如图 3-11 所示。

最后，在转换过的已知产品三视图中寻点时，任何线条的交点，也是绘制产品轴侧空间视图的重要特征点。总结一下，在寻点网格画法的寻点过程中，直线的端点，曲线的端点和特征点，曲面轮廓线的特征点，曲面母线的特征点，曲面导线的特征点和所有的交叉点都是寻点的目标。

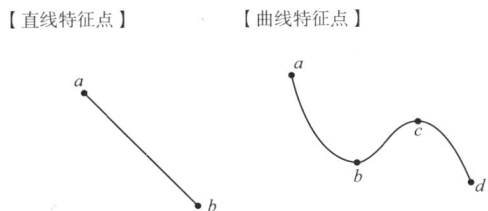

【直线特征点】　　　【曲线特征点】

图 3-10

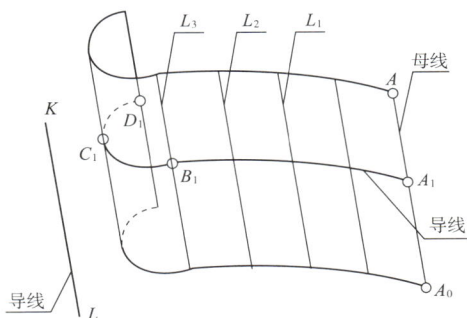

图 3-11

3.4　网格投影移植的关键方法

在三维网格空间设置完成并将已知产品的工程三视图转换之后，就是网格投影移植的关键步骤了，即严格按照空间投影的关系，把转换后的产品三视图上的产品表面线条轴测图化。

这个步骤的依据是工程图学中的平行投影原理。

平行线投影法，就是假设将投射中心 S 按指定方向移到无穷远处，其产生的所有投射线相互平行（见图 3-12），这种投射线相互平行的投影方法称为平行投影法。现实中的投影情况常常可以类似地等同为平行投影法，如日光投影、漫射光源投影等。在平行投影法中以投射线与投影面的关系又可分为正投影法和斜投影法，正投影又按投影面的多少而分为单面正投影和多面正投影。为了兼顾度量性、应用广泛性和灵活性，工程图学上经常采用以正投影法为基础的多面正投影图（见图 3-13）和轴测图来进行各种目的的图形绘制与解读。

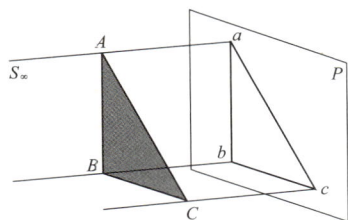

图 3-12

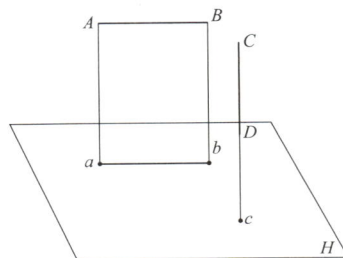

图 3-13

在三维网格空间中，用的就是正投影的方法，投影投射线有三个方向，分别平行于 XYZ 轴。产品表面线条上的每一个特征点在产品的三个转换视图中均可以明确其位置，选取任意两个视图进行特征点的正投影投影射线的引出，便可以确定特征点在空间里的位置，即两条投影射线的交点。

一般情况下直线的投影仍是直线，如图 3-14 中的直线 AB；在特殊情况下直线的投影可变为一点，如图 3-14 中的直线 CD，因垂直于投影面，所以它的投影积聚成一点。当绘制直线的轴侧图时，可以先用正投影投射线定出直线上两个端点的空间位置，然后将它们用直线相连，即

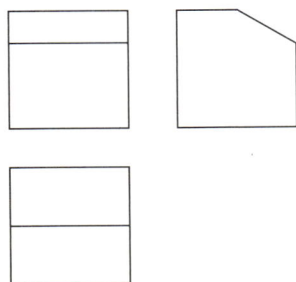

图 3-14

完成直线的轴测图绘制。

曲线投射时有如下的性质:曲线的投影仍为曲线,仅当平面曲线所在的平面垂直于某一投影面时,它在该投影面上的投影才为直线;二次曲线的投影一般仍为二次曲线,特别是圆和椭圆的投影一般是椭圆,在特殊情况下也可能是圆或直线;而抛物线或双曲线的投影一般仍为抛物线或双曲线。

3.5 轴测图的完成和完善

当产品的所有表面线条特征点都在轴侧空间定位完成后,依次根据表面线条的特征对每一条线用直线或者平滑的曲线进行定位点的连接。连接顺序可以从轮廓线开始逐步过渡到细节,最终呈现出完整的轴测图。

这里需要注意的一点是,在产品轴测图中,可能会存在某一部分的表面线条在三个视图中没有投影,也就是无法用三个视图中的特征点定位来确定该段表面线条的情况,此时需要绘图者根据其周边能够确定的曲线或直线的形态将其补全。

最后根据绘制出的产品轴侧视图的视角,判断所有绘制出的表面线条的可见与不可见属性,将不可见的线条用虚线加以表示。然后运用网格寻点画法的产品轴测图的绘制就完成了。

3.6 "网格寻点画法"应用步骤案例

已知一个鼠标造型产品的工程三视图,在已设计好的正等轴测网格三维空间里对该产品进行三维重建,如图 3-15 ~ 图 3-28 所示。

步骤一:设置好网格三维空间【1】。

步骤二:利用"转换尺"把鼠标的工程三视图按照投影视图的规律分别转换到网格三维空间里相对应的三视面上。

【2】在网格定义的前视图面上完成鼠标前视图的转换。

【3】根据空间投影关系,利用辅助线,在网格定义的右视图面上确定出鼠标右视图的 Z 轴方向位置区域。

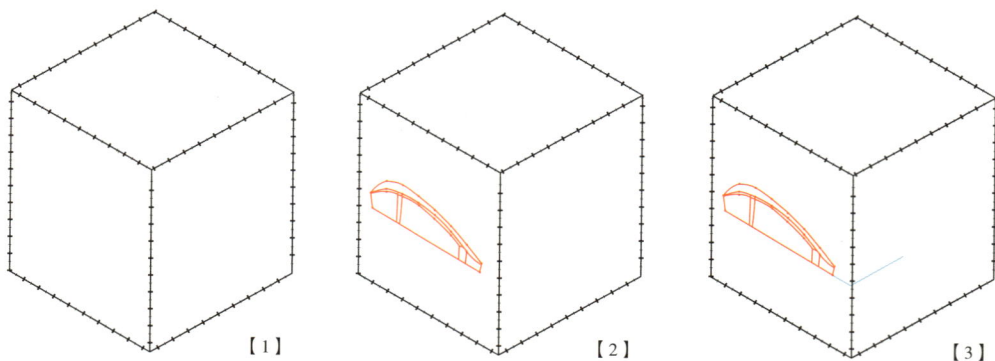

【1】　　　　　　　　【2】　　　　　　　　【3】

图 3-15

【4】同理,在网格定义右视图面上利用"转换尺"完成鼠标右视图的转换。

【5】根据空间投影关系，利用辅助线，在网格定义顶视图面上确定出鼠标顶视图的 X 轴方向和 Y 轴方向的位置区域。

【6】同理，在网格定义顶视图面上利用"转换尺"完成鼠标顶视图的转换。

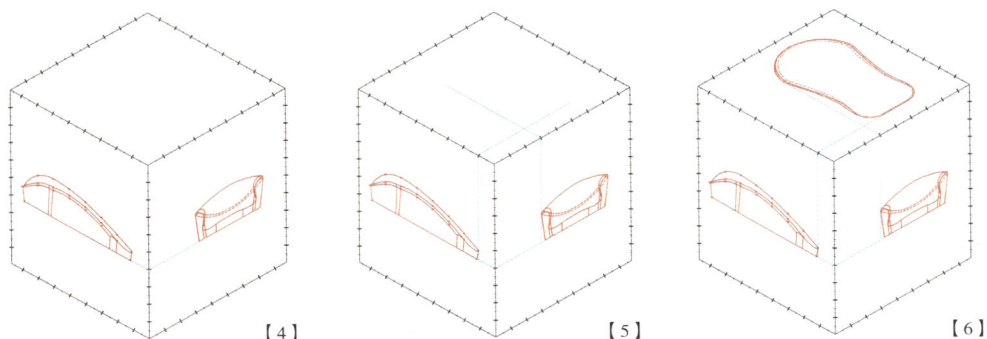

【4】　　　　　　　【5】　　　　　　　【6】

图 3-16

【7】鼠标的网格空间三视图转化完成。

步骤三： 鼠标底平面的轴测三维重建。

【8】根据空间投影关系，利用辅助线，作出底平面所在的空间平面区域。

【9】在平行于鼠标底平面从而准确地反映出鼠标底平面轮廓线的顶视图上，标出鼠标底平面轮廓的若干关键点和辅助点（曲线的关键点是指曲线经其改变方向的点，辅助点是指除关键点之外的曲线上的点）。

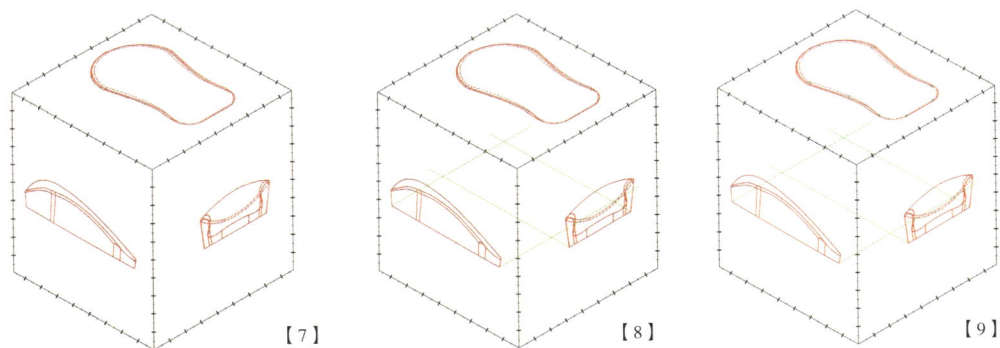

【7】　　　　　　　【8】　　　　　　　【9】

图 3-17

【10】在 Z 轴上取鼠标底平面到顶视图平面的距离为投影射线的长度，根据空间投影关系，将顶视图上标出的一个点用投影射线投影到鼠标底平面的空间平面上；得到一系列鼠标底平面的轴测空间重建点。

【11】同理，将顶视图上标出的其他点投影到鼠标底平面的空间平面上。

【12】同理，将顶视图上标出的其他点投影到鼠标底平面的空间平面上。

【13】用平滑的曲线依次将这些鼠标底平面的轴测空间重建点连接起来。

【14】得到鼠标底平面的轴测空间重建图。

步骤四： 鼠标顶部曲面轮廓内线的轴测三维重建。

【15】根据空间投影关系，分别在三视图中辨明鼠标顶部曲面轮廓内线（此处轮廓内线即由于曲面

边缘导圆角而生成的内圈轮廓线）的位置。在左视图上标出曲面轮廓内线的一个关键点，根据空间投影关系找出其在前视图上的对应点，利用投影射线交汇得出该点的轴测三维空间重建点。

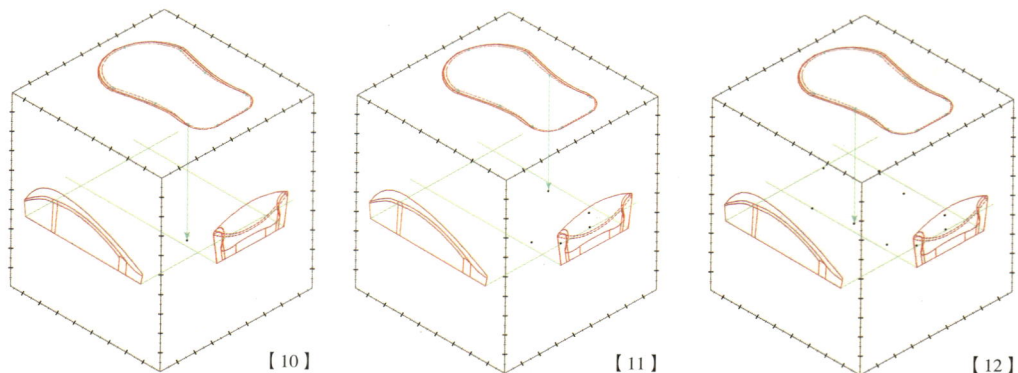

图 3-18

【16】同理，根据空间投影关系，在任意两个或三个视图上标出若干曲面轮廓内线上的关键点，再利用投影射线交汇得出若干的曲面轮廓内线上的关键点的轴测空间重建点。

【17】同理，得出另一些的曲面轮廓内线上的关键点的轴测空间重建点。

【18】同理，得出另一些的曲面轮廓内线上的关键点的轴测空间重建点。

【19】同理，得出另一些的曲面轮廓内线上的关键点的轴测空间重建点。

【20】同理，得出另一些的曲面轮廓内线上的关键点的轴测空间重建点。

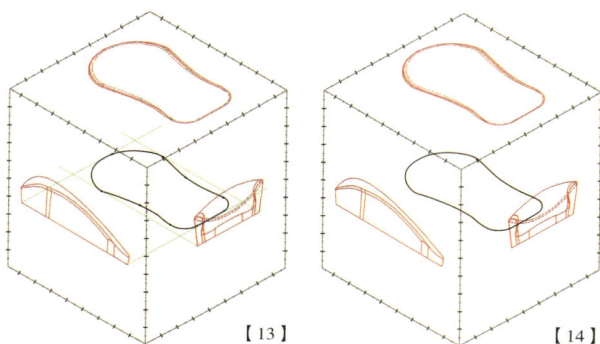

图 3-19

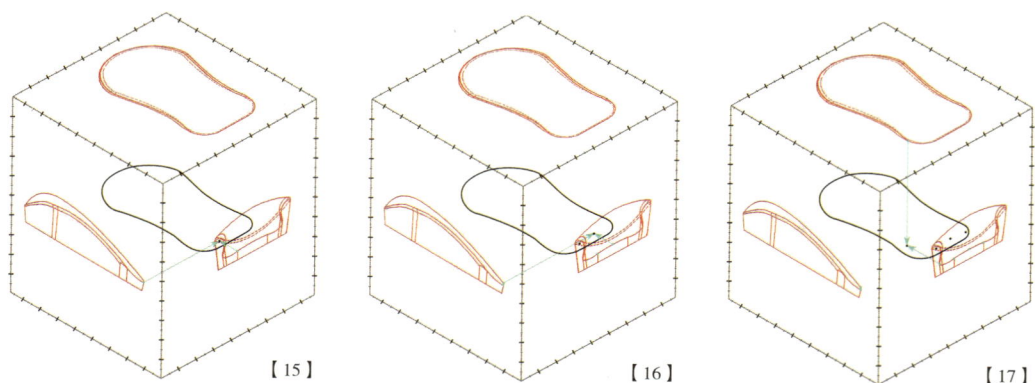

图 3-20

【21】同理，得出另一些的曲面轮廓内线上的关键点的轴测空间重建点。

【22】用平滑的曲线依次将这些关键点和辅助点的轴测空间重建点连接起来，得到鼠标顶部曲面沦落内线的轴测空间重建图。

步骤五：鼠标顶部曲面导线的轴测三维重建。

【23】分析鼠标的三视图，判断出顶部曲面的导线在鼠标的右视图和上视图中处于视图的左右对称轴上，在前视图中则是 Z 轴方向最高的那条连续曲线，且该曲线反映出了导线的实际曲率特征。根据空间投影关系在前视图和右视图上分别标出曲面导线的关键点——Z 轴方向的最高点，再利用投影射线交汇得出该关键点的轴测空间重建点。

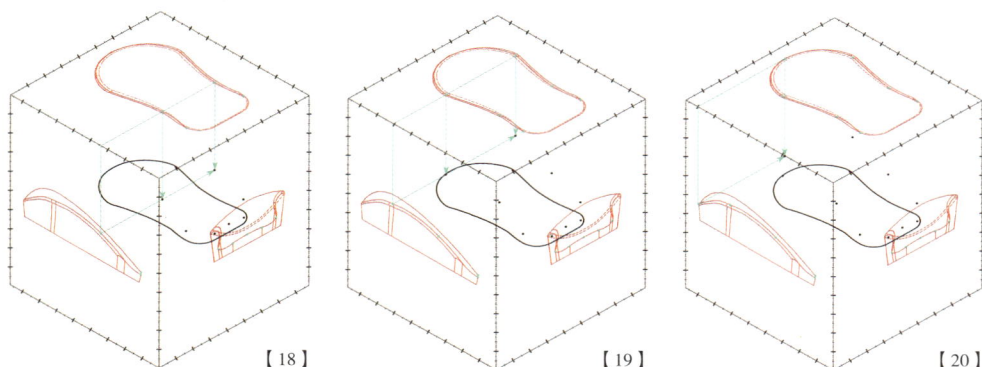

图 3-21

【24】根据空间投影关系在前视图和顶视图上分别标出曲面导线的关键点——起点，再利用投影射线交汇得出该关键点的轴测空间重建点。

【25】根据空间投影关系在前视图和右视图上分别标出曲面导线的关键点——终点，再利用投影射线交汇得出该关键点的轴测空间重建点。

【26】在能反映顶部曲面导线实际曲率特征的前视图上标出两个辅助点，在右视图上作出沿 X 轴方向对称的辅助线。

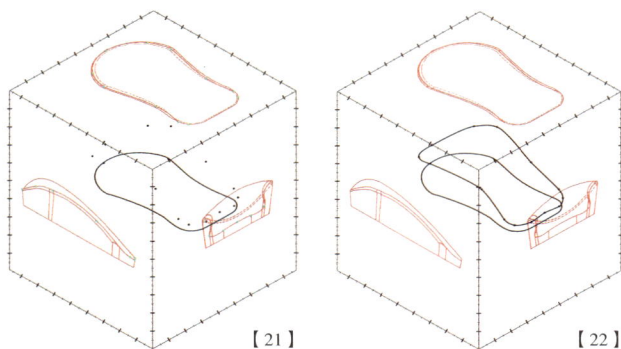

图 3-22

【27】根据空间投影关系，用辅助线分别找出这两个辅助点在右视图上的位置，再利用投影射线交汇得出这两个辅助点的轴测空间重建点。

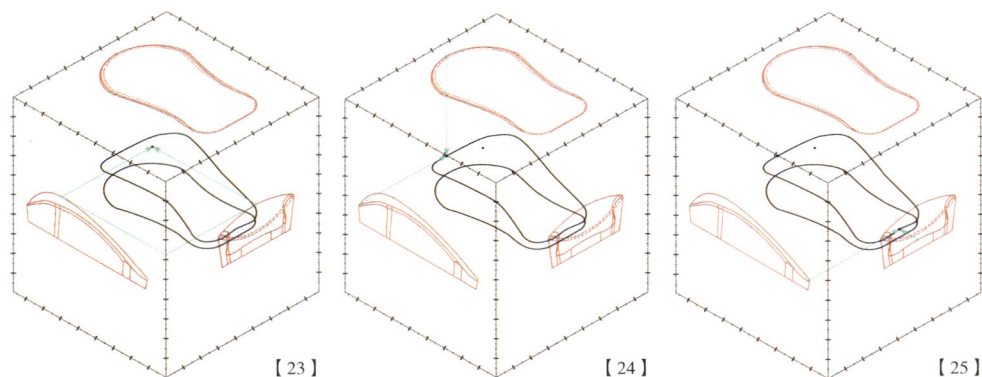

图 3-23

【28】由上面两个步骤，我们得到了鼠标顶部曲面导线的关键点和辅助点的轴测空间重建点。

【29】用平滑的曲线依次将这些关键点和辅助点的轴测空间重建点连接起来，得到鼠标顶部曲面导

线的轴测空间重建图。

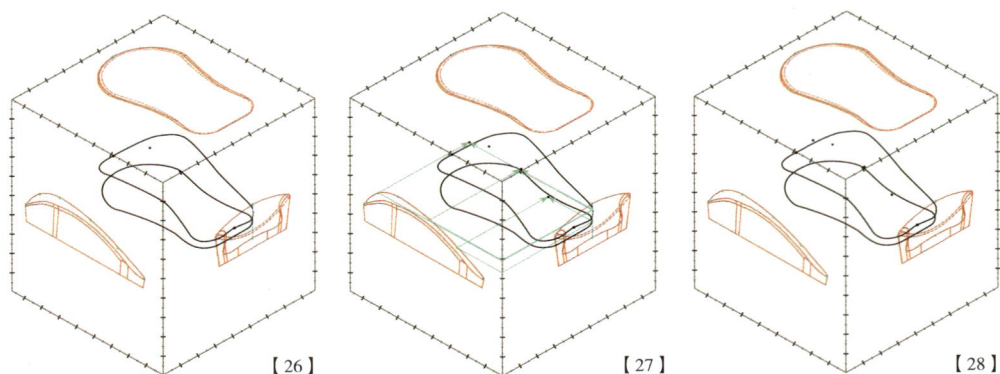

【26】 【27】 【28】

图 3-24

步骤六： 鼠标顶部曲面轮廓外线的轴测三维重建。

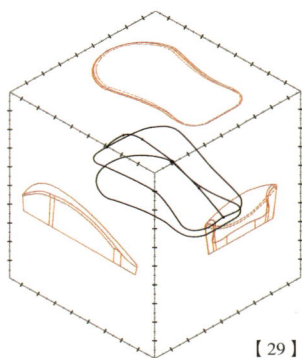

【30】同步骤四，根据空间投影关系，分别在三视图中辨明鼠标顶部曲面轮廓外线（此处轮廓外线即由于曲面边缘导圆角而生成的外圈轮廓线）的位置，并利用辅助线分别在左视图上和右视图上标出曲面轮廓外线的若干个关键点和辅助点，再利用投影射线交汇得出这些点的轴测三维空间重建点。

【31】得到鼠标顶部曲面轮廓外线关键点和辅助点的轴测三维空间重建点。

【32】用平滑的曲线依次将这些关键点和辅助点的轴测空间重建点连接起来，得到鼠标顶部曲面轮廓外线的轴测空间重建图。

【29】

图 3-25

步骤七： 鼠标侧周面圆角轮廓线的轴测三维重建。

【33】通过视图分析判断可知在前视图里可以反映出圆角在 Y 轴方向上的位置特征，分别在前视图上标出圆角的下端点，根据空间投影原理，过这些点做 X 轴方向的投影射线，与鼠标底平面轴测空间重建面轮廓的四个交点即为四个侧周面圆角的下端点的轴测空间重建点。

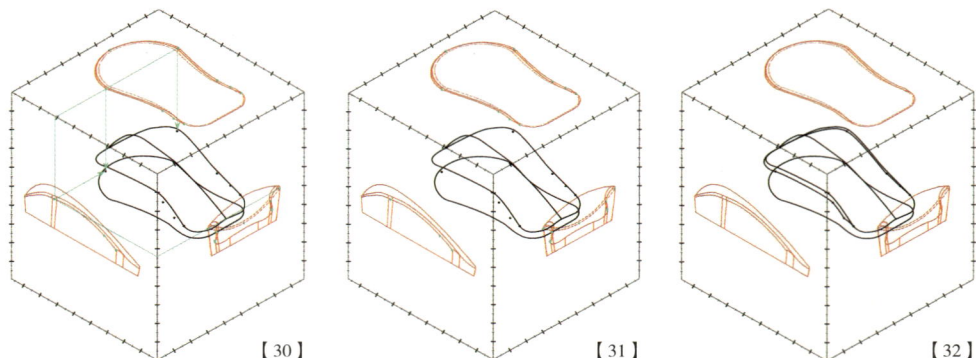

【30】 【31】 【32】

图 3-26

【34】同理，分析视图，根据空间投影原理重建或找出四个侧周面圆角的上端点的轴测空间重建点（图上有简略）。

【35】用直线分别连接相对应的鼠标侧周面圆角的上下端点，得出鼠标侧周面圆角轮廓线的轴测三

维重建图。

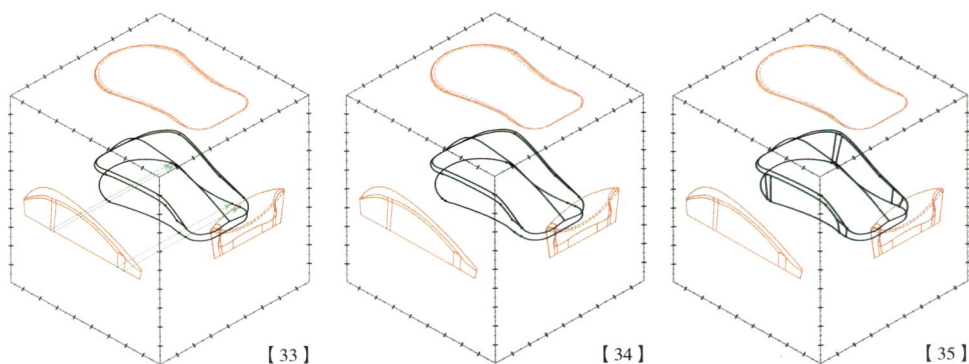

图 3-27

步骤八：鼠标形体轴测三维重建的完成和完善。

【36】根据已有的鼠标轴测重建线条，补全鼠标轴测重建形体。

【37】鼠标的轴测三维重建图基本完成。

【38】根据重建视角判断所有重建线条的可见与不可见属性，将不可见的线条转虚线。

【39】根据表现效果需要可以添加若干曲面造型线条，使轴测三维重建视图得以完善。

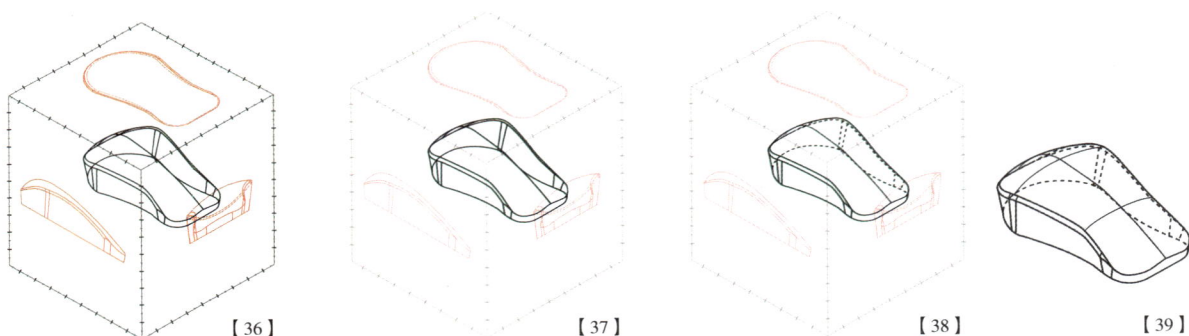

图 3-28

3.7　手绘应用示例

示例一：运用"网格寻点画法"，从一款手持电钻的工程三视图手工绘制出它的轴测图效果。

（1）手绘手持电钻的产品三视图。

提取原产品的一级轮廓线，得到产品进行精细设计之前的主体形态，得到要改良的手持电钻三视图，如图 3-29 所示。

（2）绘制产品网格三视图。

以前视图为例，在平面三视图中描点，确定三视图中点的对应关系。将"转换尺"放置在二维视图上，采用描点法将平面视图转换为正等轴测中的平面视图，如图 3-30 所示。

（3）转换产品网格三视图。

扭转转换工具。将工具上的点描摹在正等轴测坐标系的前视基准面上，再用平滑的曲线将各点连接。由此将前视图转换为正等轴测坐标系下的前视图。其他视图同理。再用点的空间投影法，转换成正等轴测坐标系中的产品线框图，如图 3-31 所示。

（4）手持电钻的曲面细节特征线的轴测三维重建，如图 3-32 所示。

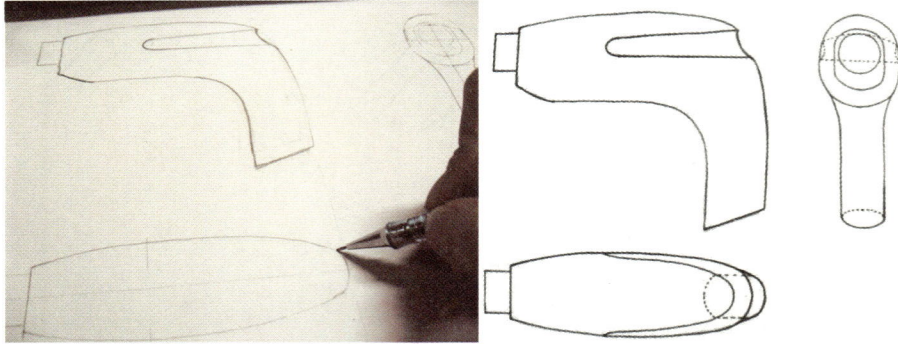

图 3-29

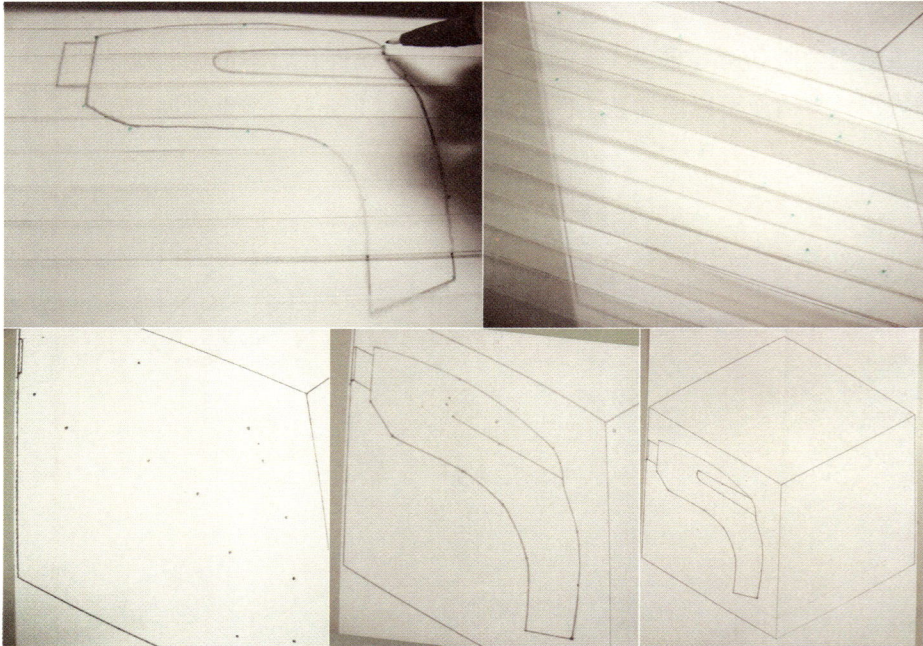

图 3-30

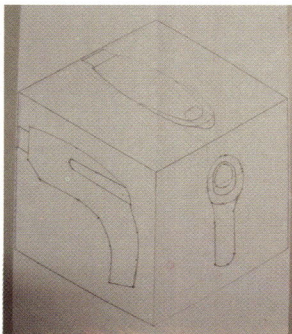

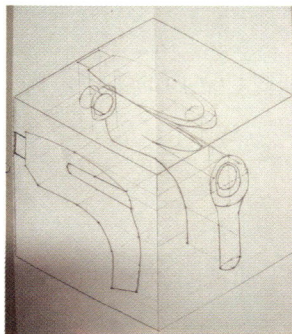

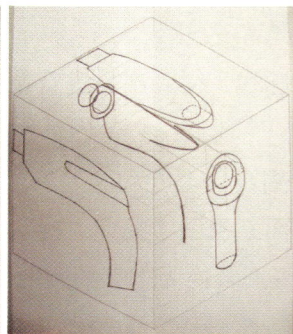

图 3-31   图 3-32

（5）手持电钻形体轴测三维重建的完成和完善，如图 3-32 所示。

示例二：不使用转换尺的手绘示例。

（1）准备尺、铅笔、网格纸等绘图工具。

（2）绘制车身三视图，利用网格纸的格子并添加所需的辅助线，将三视图绘制到网格三维空间里相对应的三视面上，如图 3-33 所示。

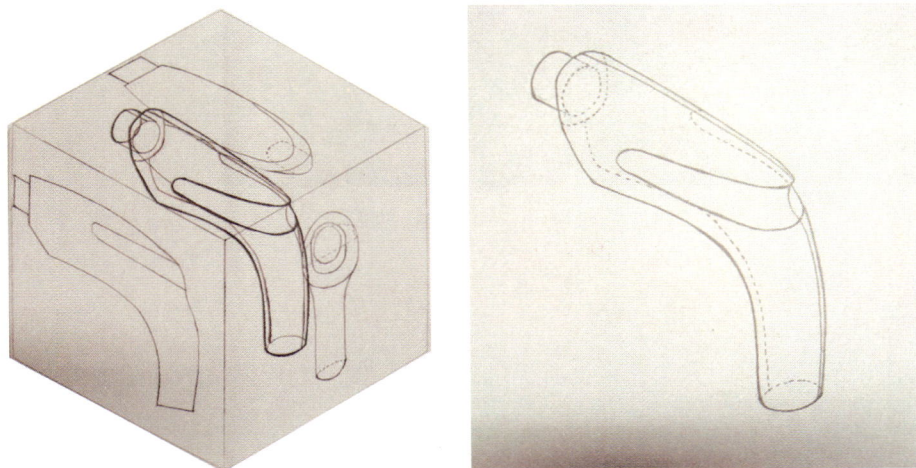

图 3-33

（3）根据上面阐述的步骤，完成车身轮廓的轴测图重建，见图 3-34 ~ 图 3-36。

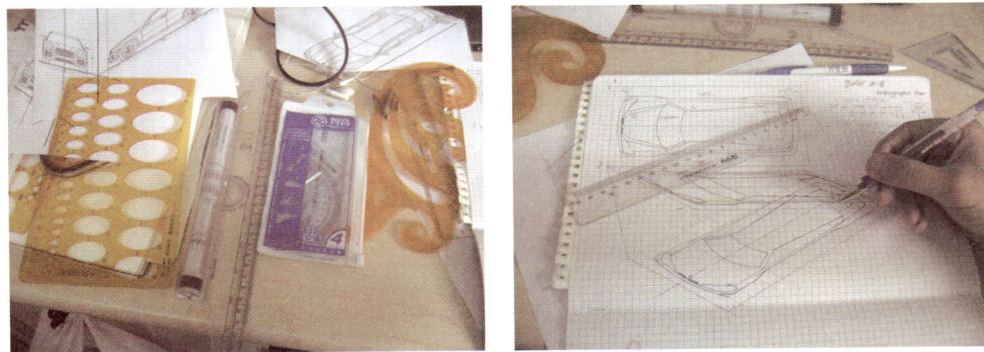

图 3-34　绘图准备

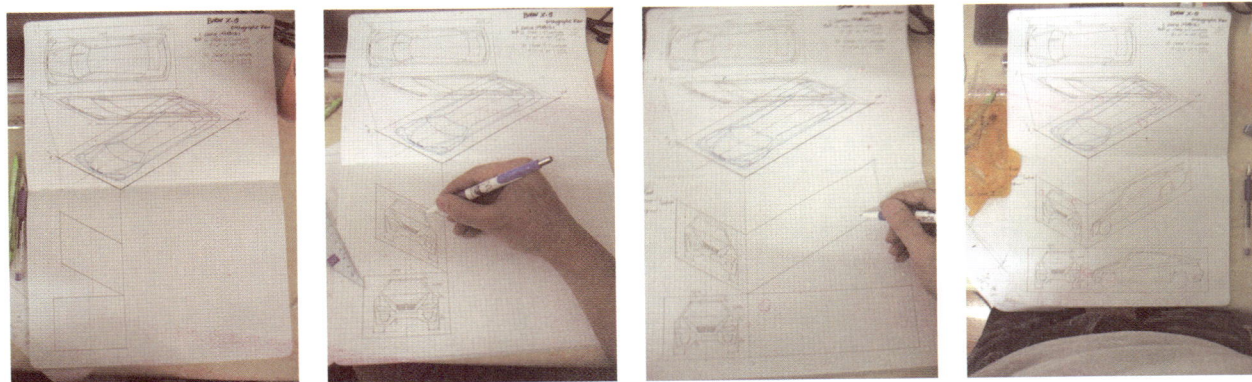

图 3-35　车身网格空间三视图转化

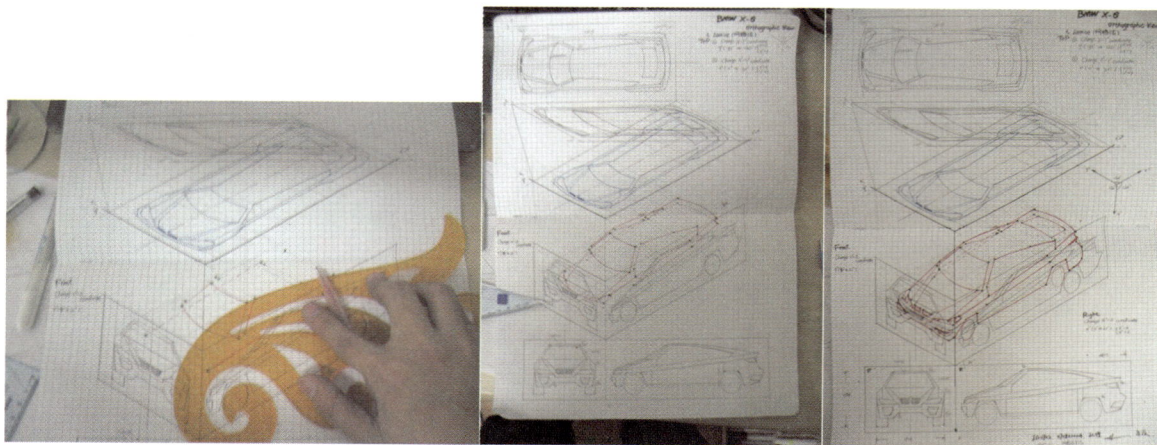

图 3-36　车体轴测三维重建

课后练习

任选本章 3.7 中的一种手绘方法，根据所提供的产品视图，利用网络画法绘制出产品轴测图。

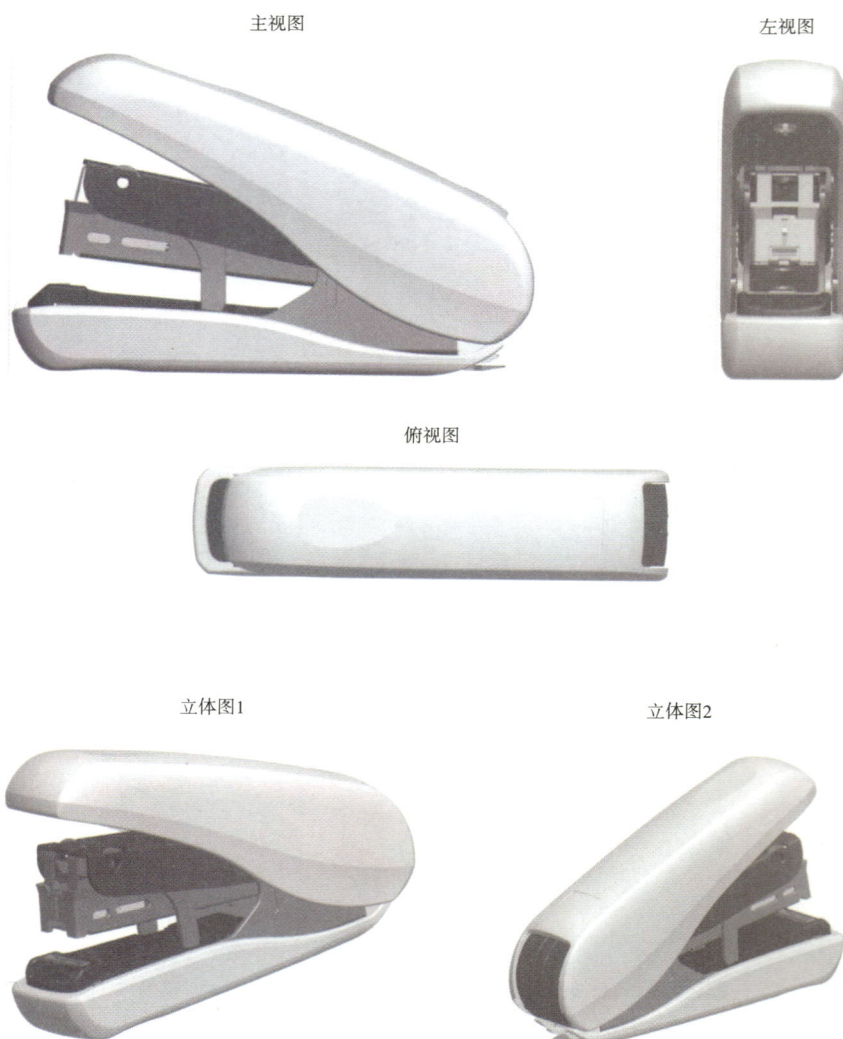

主视图

左视图

俯视图

立体图1

立体图2

第4章
Chapter4

产品断面扫描法对产品的改良

4.1　产品的视角动态分析

　　产品作为一种具有三维属性的物质，其观察角度注定不是一成不变的。从状态角度而言，产品可分为运动状态和静止状态，但无论静止的物体还是运动中的物体，人们对产品的视觉感知的形态总是随着观察角度的变化而变化。

　　有时，人们对同一类型的产品会有从某一个特定的视觉进行观察和分析的习惯，这是因为人的心理认知和产品功能形态产生了关联而导致的。比如遥控器、手机等有按键的产品（见图4-1），我们经常观察的是有键盘的面，因为它是人机交互界面，所有产品功能和设计特征都集中于此。再比如对于有支撑面的产品，如放于桌上的鼠标，我们很少会观察鼠标的底面，因为这个面在使用时完全不和手部接触，于是设计师也没有对这个面有过多的设计。

　　但是不经常成为人们观察视角的形态特征并不代表它不存在或者不重要。还是以鼠标产品为例，当投入地工作突然鼠标滚轮反应不灵敏时，人们也会不自觉地拿起鼠标检查底部哪里出了问题。这个时候底部特征就成了人们视觉观察的重点。因此，分析产品的视角绝不是简单的一个或几个特定角度，而应全方位动态地观察产品。追求动态视角完美的现实主义雕塑家亨利·摩尔的雕塑作品就是典型代表，他的作品使观赏者从三维的尺度理解雕塑，无论从哪个视角看都有显著的特征和美感。

　　产品运动状态变化和人的视线角度变化是产品视觉形态特征变化的本质因素。这两者的排列组合理论上可以构成所有产品特征形态视角。视线变化是指眼睛相对于被观察物体的角度和距离，产品运动状态是指物体沿着某一维度径向做规律的运动变化，如图4-2所示。从中可以看出，不同的产品视角呈现出的形态特征有无数种可能，而每一种可能在不同环境因素下都会变成产品形态分析的关键。

　　以水果刀产品为例，说明在不同情况下，产品具有不同的动态视觉形态特征。如图4-3所示，图（a）表示平常状态下人们习惯的视觉角度；图（b）表示削水果时操作者的视角；图（c）表示观察者的视角，他们的观察视角完全不同，看到的产品特征也完全不同。

　　图4-4是同款水果刀在三维建模软件中根据某纬度和经度旋转后的模拟的不同视觉特征。

图 4-1 按键类产品通常的视觉角度

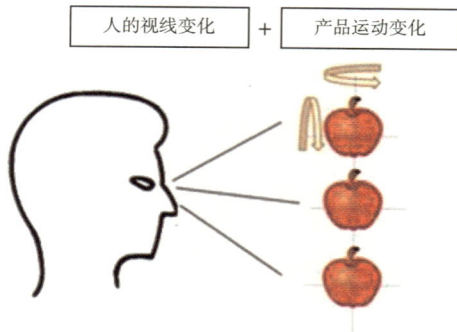

图 4-2 视觉形态特征变化示意图

（a） （b） （c）

图 4-3 水果刀

图 4-4 水果刀不同径向上的视觉形态

以上分析可知，产品存在无穷多个分析视角，从产品形态特征应用分析角度出发，我们无法定义一个标准的视角分析方式，也没有一个可行的可视化输出表达手段。要充分说明标准的信息分析方式，关键需要确定对应的工程软件作业情况。在此基础上研究观测产品实体的维度径向角度，寻找理论上可以作为断面分析方式的起点维度径向角度；在对产品形态特征的认识上揭示产品特征是由某一维度径向上连续的断面所提供的信息，不同的维度角度对产品形态特征带来不同的影响；运用软件对不同维度角度的径向断面进行信息叠加分析和可视化信息表达。

在此，引出产品断面扫描方式分析产品的各个不同视角。根据不同的分析需求，在三维空间中选定产品分析基准面，选择高程进行断面扫描，得到一组连续的断面，这些断面能很好地反应产品在当前视角下的特征，对其进行叠加可以将特征可视化输出，然后对其进行量化的分析从中得到某些结论，为产品改良提供理论基础。

4.2 产品断面扫描的基本流程

4.2.1 产品对象的数字模型重建

因为项目研究的是产品形态特征和产品连续扫描面中二维信息的相互关系，这里所说的"形态特征"是指外部形态轮廓，与产品内部的形态结构无相关性，因此，在针对产品对象进行数据采集时需要把产品假定为以外部形态轮廓为边界内部致密均匀的实体，以消除实验干扰因素。

获得产品数字模型的方式有以下两种。

（1）三维软件建模。对外形特征简单、表面没有微小变化的产品，可先用三坐标测量仪、游标卡尺等较精密的测量仪器对产品特征精密测量，再通过三维建模软件，如 UG，CATIA，Solidwork，Pro E 等进行建模的方式获得产品数字模型。用这种方法可一次性获得表面连续性较好的产品模型，但不具有高保真性。

（2）三维扫描方法。断面扫描分析方法需要对选定的产品对象进行基于小高程的若干层实体切割，在手工操作无法满足实验的精度要求下，需要借助逆向工程和数字模拟技术来完成实验：用到的实验仪器是光栅三维扫描仪并配合三维摄影测量系统，得到点云形式的初步数字模型，然后再用 Geomagic 软件将点云修复成面，生成 STL 格式最终数字模型。这种方法获得的是一个高保真逆向工程的数字化模型。

4.2.2 确定产品基本功能使用面

产品分层面技术将为等高线分析基准面的位置确定提供依据，因为等高线分析基准面的空间位置必须满足平行于该产品的基本功能使用面这一条件。然后该分析基准面在垂直于基本功能面方向的位置则取能够得到该方向上产品最大截面积的位置，从而确定分析基准面的空间位置。因此，确定产品基本功能面是等高线分析法的第一步。

针对产品基本功能面的确定没有唯一的界定标准，基于产品具有动态视觉的属性，因此基本功能使用面应根据不同的分析需求进行确定。一般可按产品的操作和外观这两个层面进行确定，从而得到产品在某个竞相角度的连续断面信息。

如图 4-5 所示为两款不同类型的剃须刀。研究它们被手持使用时人们对它们各自的满意度，那么就应该根据产品功能面，即手指与产品的交互区域为产品基本功能使用面。对于本实验中的两款实验对象产品来说：直柱式扁平剃须刀的产品基本功能面是与五指接触的面，即垂直于按键操作面的面积较小的两个侧面，由于两个侧面是完全对称的，因此取其中任意一个侧面即可；L 式圆柱剃须刀由于其握持部位呈圆柱形，与手指的接触面是一个对称性很高的封闭环面，无明显的方向性差别，因此 L 式圆柱剃须刀可以取任意一个与接触环面相切的平面作为产的基本功能面，这里我们取反映形态变化信息最多的按键所在的切平面为 L 式圆柱剃须刀的产品基本功能面。

如图 4-6 所示为 BMW-X6evo 汽车的基本功能面设定，以研究产品外部整体的形态结构特征，并将其进行形态校正为目

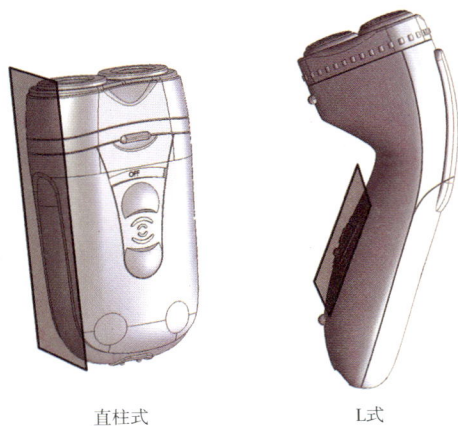

直柱式　　　　　L式

图 4-5　剃须刀产品基本功能使用面

的，因此拟将产品的三视图作为基本功能使用面。顶视图中，汽车产品一般呈 Y 轴对称，即汽车一般呈左右对称；正视图中，汽车产品基本结构可分为前挡风玻璃、前脸、车底三部分。汽车结构体现最为突出的是其侧视图中的线条，可根据汽车前后轮轴的位置将其结构进行细分。在即将进行的车产品或异类汽车产品将在其等高线理论中呈现不同特等高线分析法中，同类汽征。在对比分析后可以得出其结构上的规律，从而对产品开发进行进一步的深入分析。

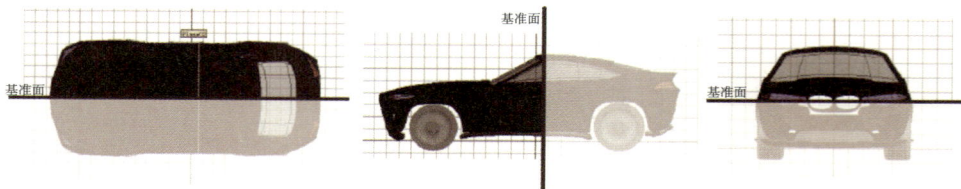

图 4-6　BMW-X6evo 基本功能使用面

4.2.3　确定等高线高程

为避免产品分析时细小形态变化的特征信息遗失，定义产品形态上的最小塌陷的波谷或最小抬起的波峰的 1/2 为产品等高线高程。但是，等高线高程的定义并不是唯一的，在保证不遗失研究所需的截面特征的前提下，可根据产品动态视角和产品尺寸比例，结合研究目的进行合理化调整。有些产品形态起伏较大，使用以上定义会使制图过程产生许多无谓的高程线，影响最终分析，故在产品等高线中引入弹性高程的机制，将产品简化后的形态，选取自己所需研究的形态特征的最小塌陷的波谷或最小抬起的波峰的 1/2 作为断面分析等高线。

对于大型产品而言，其特性是自身体积较大，表面多以曲面为主，变化较为舒缓。以汽车为例，BMW-X6evo 车身尺寸较大，车身细部结构主要集中在前脸、后脸及侧方把手后视镜等处。在分析过程中可以适当在这些地方进行高程的弹性变化。在对 BMW-X6evo 汽车项目研究中，首先将产品外轮廓进行简化，得到特征简化后的图片量取最小波峰的 1/2，如图 4-7 所示。

65.5mm

图 4-7 BMW-X6evo 等高线高程

4.2.4　确定等高线分析基准面

分析基准面的概念类似于地理学的等高线定义中海平面的概念，是在平行于产品基本功能面的前提下，以产品基本功能面上外形轮廓的最高点为起点，沿着基本功能面的垂直方向，向产品形态内部取到 n 个等高线高程的深度，而最终得到的平面位置。确定分析基准面即是确定了产品从外层轮廓最高表面起进行断面扫描的扫描深度。

n 的选取满足：①将要进行等高线分析比对的两个对象的 n 取值一致，这两个对象可以是产品和产品，也可以是产品与手；②满足比对双方都能够在基本功能面的垂直方向上取到小于或等于该方向上的产品最大截面积或最低塌陷面，为保证特征不缺失，一般取该方向上的最大截面积或最低塌陷面以下一个高程为等高线分析基准面。如图 4-8 所示为尼康 D90 相机的分析基准面的确定。

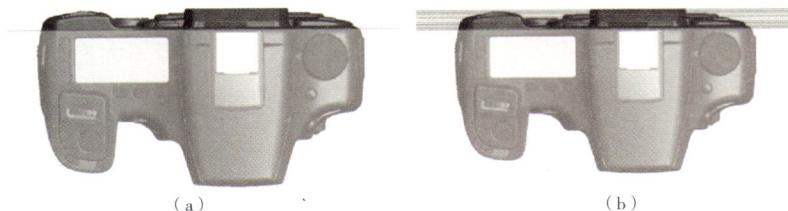

（a）　　　　　　　　　　　　　（b）

图 4-8　尼康 D90 相机分析基准面的确定

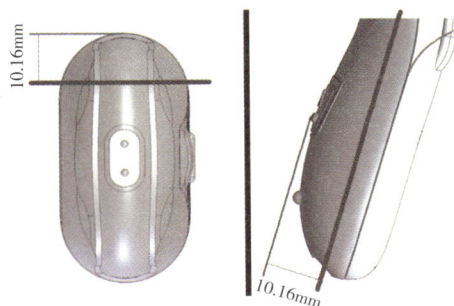

图 4-9　剃须刀产品分析基准面的确定

在需要将手和产品进行分析比较的情况下，还应将手的相关尺寸作为高程选择的依据，如图 4-9 所示为两款剃须刀产品的分析基准面的确定，需考虑手指厚度和产品接触面的关系，并要求取到基本功能面的垂直方向上小于或等于该方向上的产品最大截面。

4.2.5　断面分层扫描

产品实体的两个等高线分析基准，即高程和分深度由此确定之后，接下来沿着产品基本功能使用面的垂直径向进行断面扫描。首先将该产品实体 1∶1 的数字化建模的模型导入软件，设定分析间隔为等高线高程，分析深度为 n 个等高线长度，然后从分析基准面开始每隔一个高程对产品进行断面切割，依次保存产品的截面图，得到基于分析基准面的各个分析高度上的 n+1 个产品截面图，最终得出产品截面图组，如图 4-10 所示。

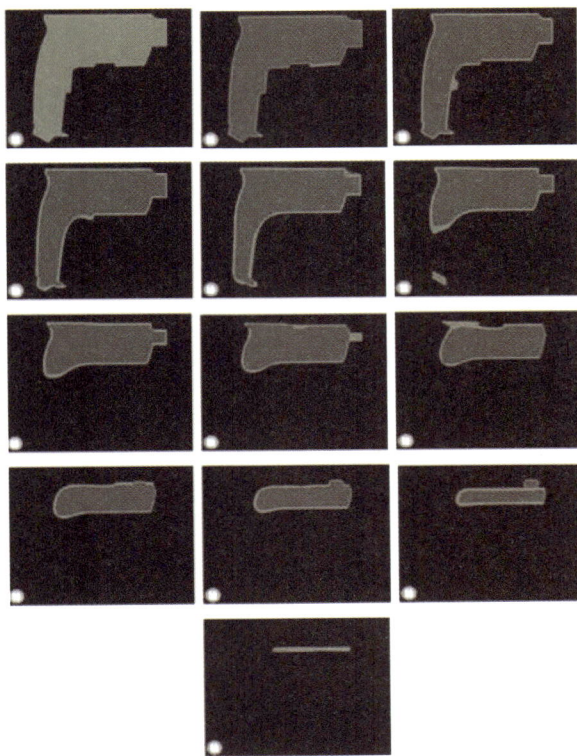

图 4-10　手持电钻的断面扫描分层剖面视图

4.2.6　信息分析

将得到的截面图组按顺序导入分色软件 Photoshop 中，通过设置图层透明度，并对齐中心叠加，绘制产品实体的分层设色图，如图 4-11 所示。（具体制作步骤见 4.3 产品断面分析实现的实验手段和方法）

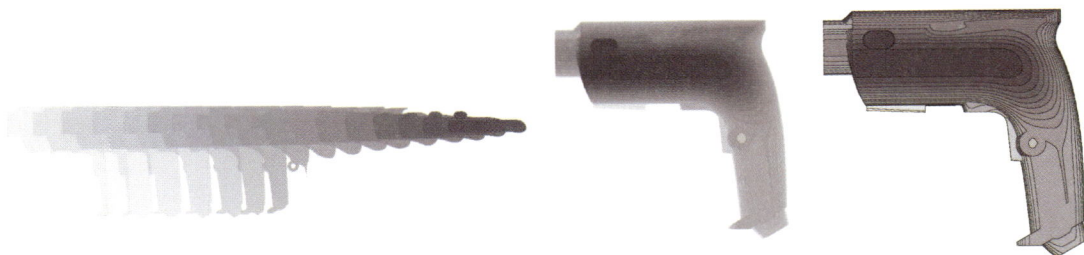

图 4-11　手持电钻的分层设色图

4.2.7　可视化数据输出

将产品形态分析数据导入软件并计算出每个设色分层的面积值，并得出连续断层面上的面积变化率，这在假定产品是密实实体的条件下得到可视化的总体形态变化趋势。同时，通过对相邻面上对应曲线的关系和变化趋势数值上也可得到局部的产品形态变化趋势。在这一阶段，产品的形态特征变化可以以可视化的形式表达。

4.2.8　断面质心构建的产品趋势线

通过断面扫描的方法还可求得产品在某一径向上的断面质心，依次记录下它们的三维坐标，然后把数据导入软件，将各点连接起来，便可得到一条三维可视的产品质心线，该线代表产品在某一径向上的趋势线，可作为人机交互研究的重要依据。

若将断面截面质心 M 沿横向纵向再等分成若干小的分截面，分别求分截面的质心，可连成若干条质心线，断面分割的个数越多，质心线条数就越多，能从多角度更精确地表现产品趋势，如图4-12所示。

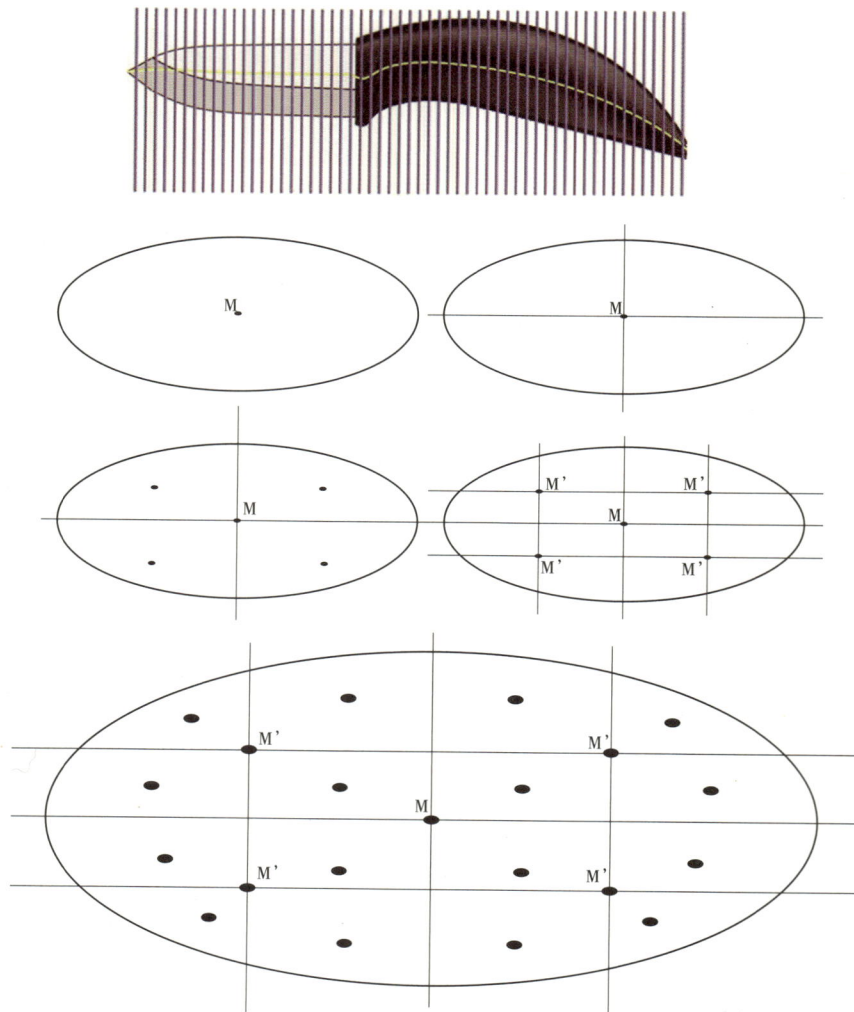

图4-12

4.3　产品断面分析实现的实验手段和方法

断面分层扫描实验方式有两种，对于简单初步的断面分析可以采用手绘的方式（本章节的课后习题中有例题说明），对于复杂形态产品的断面分析可借助计算机软件。下面以水果刀产品为例，详细阐述基于 Solidworks 和 Photoshop 软件的产品断面分析实现的实验手段和方法。

（1）步骤一：产品数字对象的模型重建。

寻找市面上四种不同形态类型的水果刀产品实例，对产品各尺寸进行测量，用 Solidworks 软件将各产品按 1：1 尺寸建模，如图 4-13 所示。为了所有产品共有相同的参照起点，将所有刀的刀尖和原点重合；所建模型必须转为实体，便于获取截面信息。

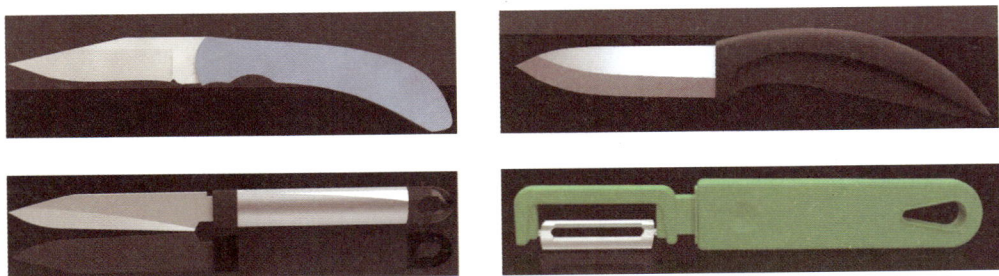

图 4-13　水果刀产品建模

（2）步骤二：确定产品基本功能使用面。

基于产品具有动态视觉的属性，基本功能使用面应根据不同的分析需求进行确定。本项目研究刀的人机工程学，刀柄是产品与手进行人机交互的区域，手腕施力于刀柄，带动刀刃切削水果。刀的用户满意度取决于切削力度大小和刀柄握持的舒适性。选择产品和手部接触且影响手掌舒适度的相切于手柄上半部分弧线的平面作为产品基本功能使用面，如图 4-14 所示。

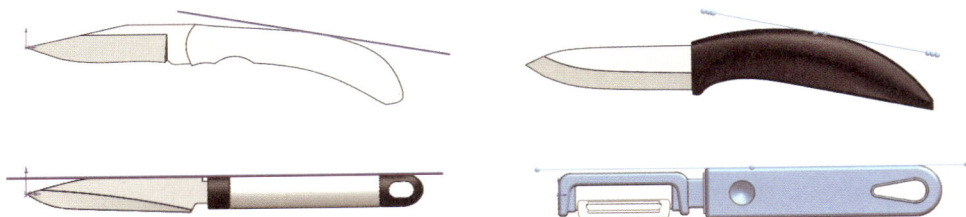

图 4-14　确定产品基本功能使用面

（3）步骤三：确定等高线高程。

等高线的生成依赖于以既定高程为准的对产品实体进行的若干层切割，为了避免在切割析时产品细小形态变化特征的遗失，定义和手接触的刀柄部分的最小塌陷波谷与最小抬起波峰中的较小者的 1/2 为产品等高线高程。

用 Solidworks 的测量命令分别量取四把刀的最小塌陷面或最小抬起波峰的值，如图 4-15 所示，最后分别比对大小，取最小值 1.30/2=0.65mm 作为等高线高程。

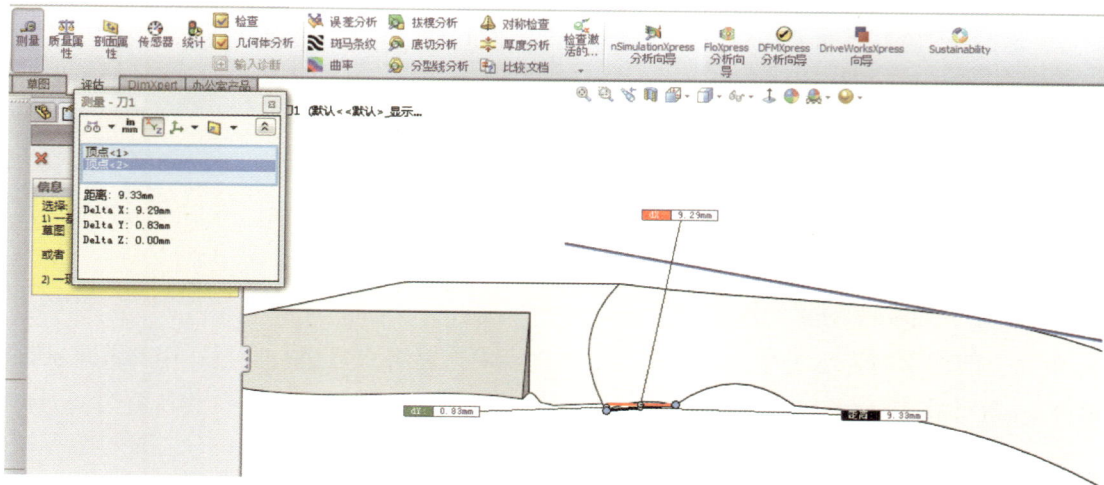

图 4-15　测量命令量取高程

（4）步骤四：确定等高线分析基准面。

使用水果刀产品时手部的标准姿态如图 4-16（a）所示，可得出手部和产品基本功能面接触的最佳比对深度为指腹第二指节弯曲时的长度，如图 4-16（b）所示。16 ～ 65 岁女性手指自然弯曲时第二节指腹的平均值为 12.5mm，12.5/0.65=19.23mm，因此取 n=20，即共切割 20 个断面，以产品基本功能面上外形轮廓的最高点为起点，沿着基本功能面的垂直方向向产品形态内部取到 $20 \times 0.65=13$mm 的深度，是手指等高线与产品等高线的最佳比对深度。

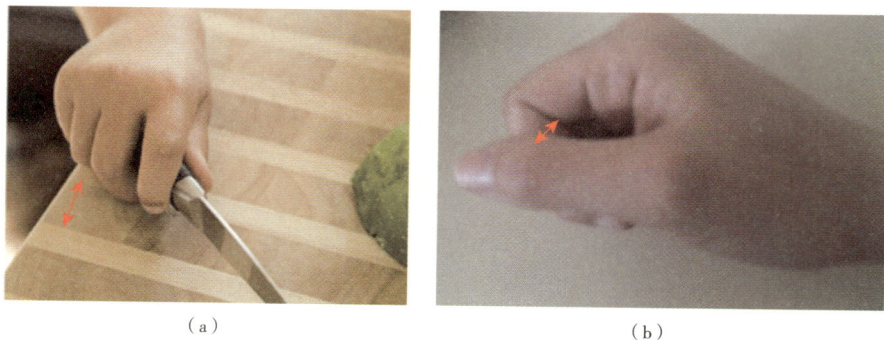

（a）　　　　　　　　　　　　　　　（b）

图 4-16

（5）步骤五：绘制基于等高线高程的产品分层截面图。

1）基于 Solidworks 软件平台，用添加基准面命令，基于产品基本功能面向产品内侧依次绘制分析所需的剖视截面视图，设定截面间距为产品高程，截面个数为 20，如图 4-17 所示。

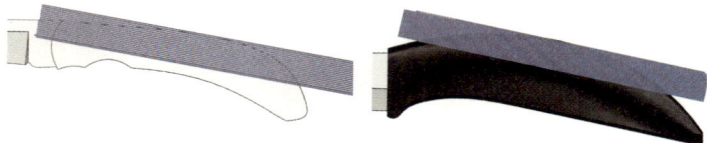

图 4-17　Solidworks 绘制断面分析基准面

2）选择上视基准面，使用"剖面视图"命令，依次选择已绘制好的断面分析基准面对产品断面提取，并将文件另存为 JPG 格式，如图 4-18 所示。此时，应锁定右边模型显示界面，确保其大小和位置不变，方便下一步进行断面叠加。

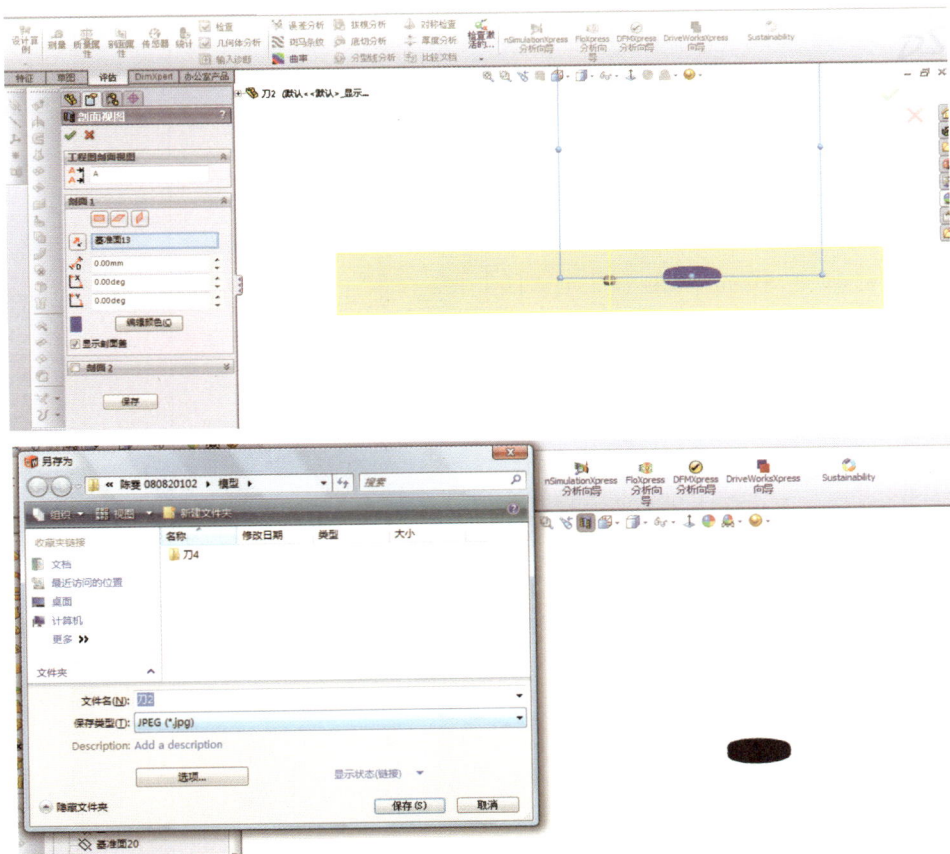

图 4–18　分层断面提取方法

（6）步骤六：计算各断面轮廓的面积。

打开 Solidworks 的评估——剖面属性命令，选择断面，点击"重算"命令，得到每个等高线断面图层的面积，如图 4-19 所示，并按顺序记录，如表 4-1 所示。

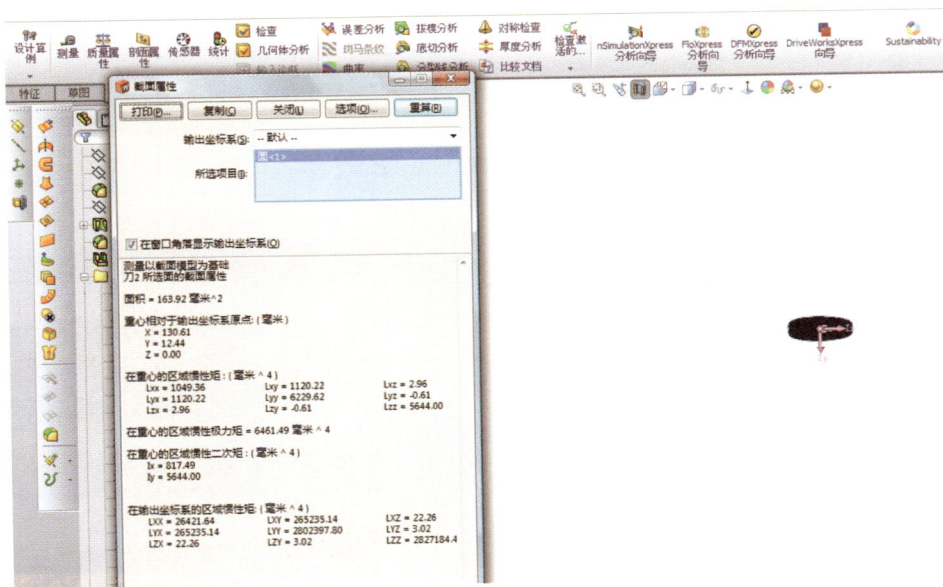

图 4–19　计算各断面轮廓的面积

表 4-1   断面图层面积   单位：mm

面积（Area）	层面（Layer）									
	1	2	3	4	5	6	7	8	9	10
产品（Product）1	131.45	186.71	232.14	273.54	314.84	364.24	383.71	391.61	398.64	404.95
产品（Product）2	108.88	187.09	255.10	316.44	425.26	425.26	473.62	519.07	561.40	602.99
产品（Product）3	249.52	351.43	427.11	436.95	483.23	522.81	556.95	586.51	566.65	582.42
产品（Product）4	959.62	1058.96	1100.40	1110.13	1127.37	1133.55	1138.87	1143.51	1147.58	1151.13

面积（Area）	层面（Layer）									
	11	12	13	14	15	16	17	18	19	20
产品（Product）1	410.63	415.76	420.39	424.56	428.32	431.69	434.7	437.36	439.69	441.72
产品（Product）2	640.10	676.27	711.71	745.11	775.67	803.66	830.96	856.95	881.03	983.58
产品（Product）3	590.46	597.24	602.62	606.53	608.95	609.88	609.33	607.30	603.78	598.79
产品（Product）4	1158.46	1159.66	1089.68	1050.19	1012.62	974.76	941.24	931.59	927.10	925.70

（7）步骤七：在 Photoshop 中提取各剖视面特征，绘制分层设色图。

1）打开已保存的产品断面信息图，调整每个断面的色阶，将断面部分设置为黑场，如图 4-20 所示。

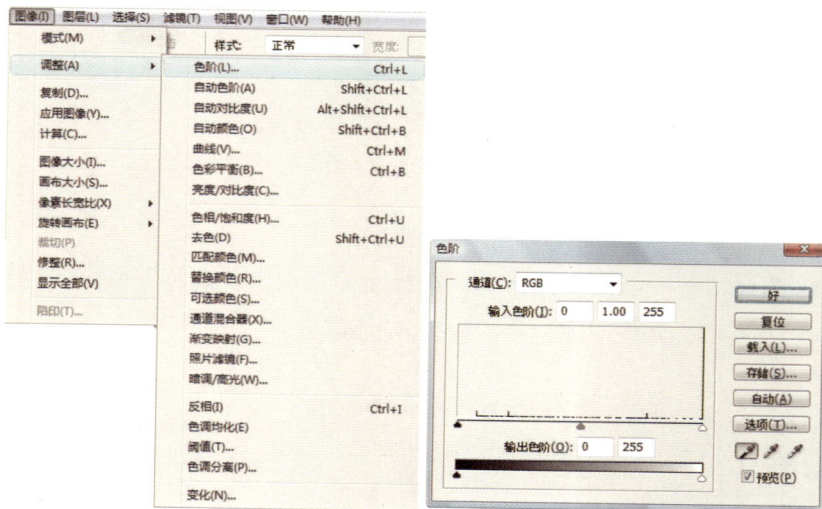

图 4-20　调整断面色阶

2）新建一个画布大小和保存截图一致的文件，将每个断面按顺序拖移进入新文件，生成新的图层，将每个图层的透明度设置为 10%（此参数可根据图层个数和效果自行调整），叠加后获得四个产品的分层设色图，如图 4-21 所示。

（8）步骤八：产品形态变化规律的可视化数学量化输出。

基于 SPSS 软件平台，以面积为纵坐标，以等高线分析的层数为横坐标，分别绘制 4 个产品断面面积变化

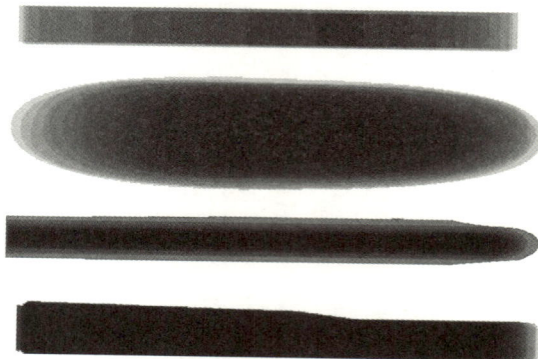

图 4-21　断面分层设色图

的坐标折线图。

1）打开 SPSS 数据分析软件，新建四个产品断面的面积以及一个层数的变量，输入数据，如图 4-22（a）所示。

2）单击菜单栏中的"图表 / 线图"，在弹出的对话框中选择"多重"，"分散变量的摘要"，单击"定义"，按图所示对复合线进行定义，如图 4-22（b）~（d）所示。

	product1	product2	product3	product4	Layer
1	131.45	108.88	249.52	959.62	1
2	186.71	187.09	351.43	1058.96	2
3	232.14	255.10	427.11	1100.40	3
4	273.54	316.44	436.95	1110.13	4
5	314.84	425.26	483.23	1127.37	5
6	364.24	425.26	522.81	1133.55	6
7	383.71	473.62	556.95	1138.87	7
8	391.61	519.07	586.51	1143.51	8
9	398.64	561.40	566.65	1147.58	9
10	404.95	602.99	582.42	1151.13	10
11	410.63	640.10	590.46	1158.46	11
12	415.76	676.27	597.24	1159.66	12
13	420.39	711.71	602.62	1089.68	13
14	424.56	745.11	606.53	1050.19	14
15	428.32	775.67	608.95	1012.62	15
16	431.69	803.66	609.88	974.76	16
17	434.70	830.96	609.33	941.24	17
18	437.36	856.95	607.30	931.59	18
19	439.69	881.03	603.78	927.10	19
20	441.72	983.58	598.79	925.70	20

（a）

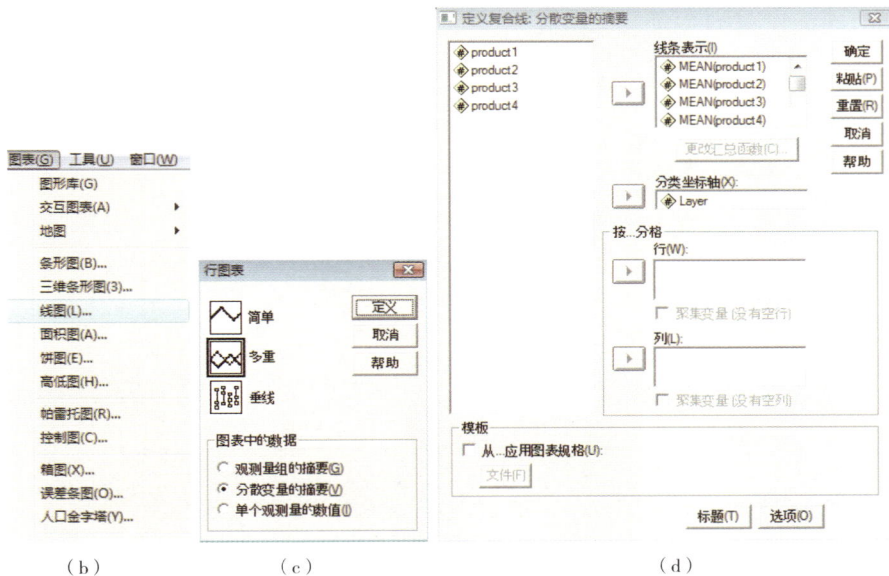

（b）　　　（c）　　　（d）

图 4-22　SPSS 软件对数据量化输出操作

3）双击 Output 界面中的 Graph，如图 4-23（a）所示，进入"Chart Editor"界面，分别对输出图形大小、线形、坐标轴、标题等进行设置，如图 2-23（b）所示，得到最终的产品断面面积量化输出折线图，如图 4-24 所示。

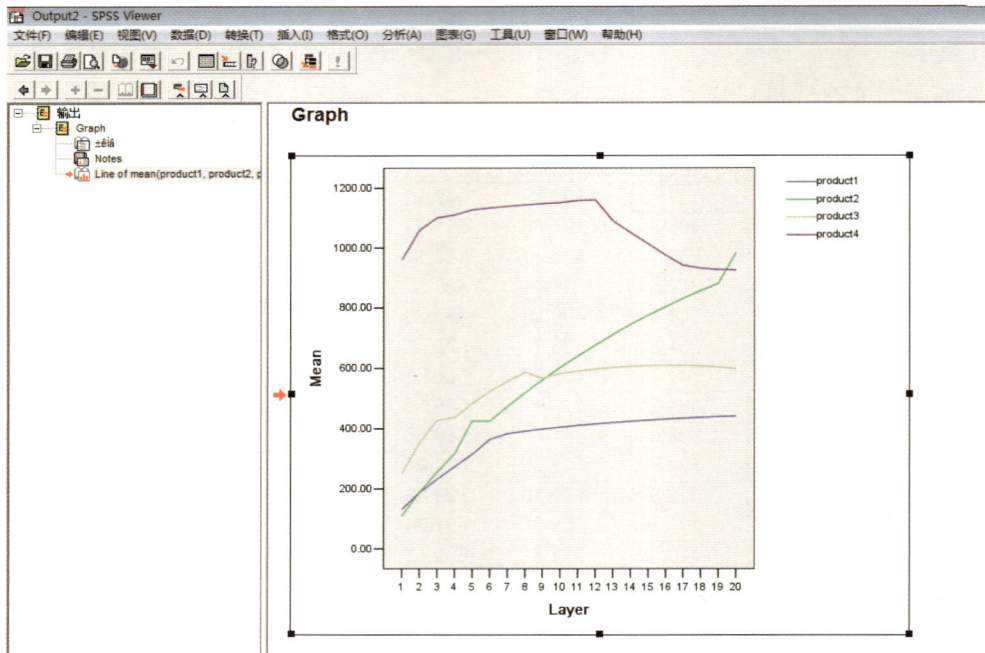

（a）

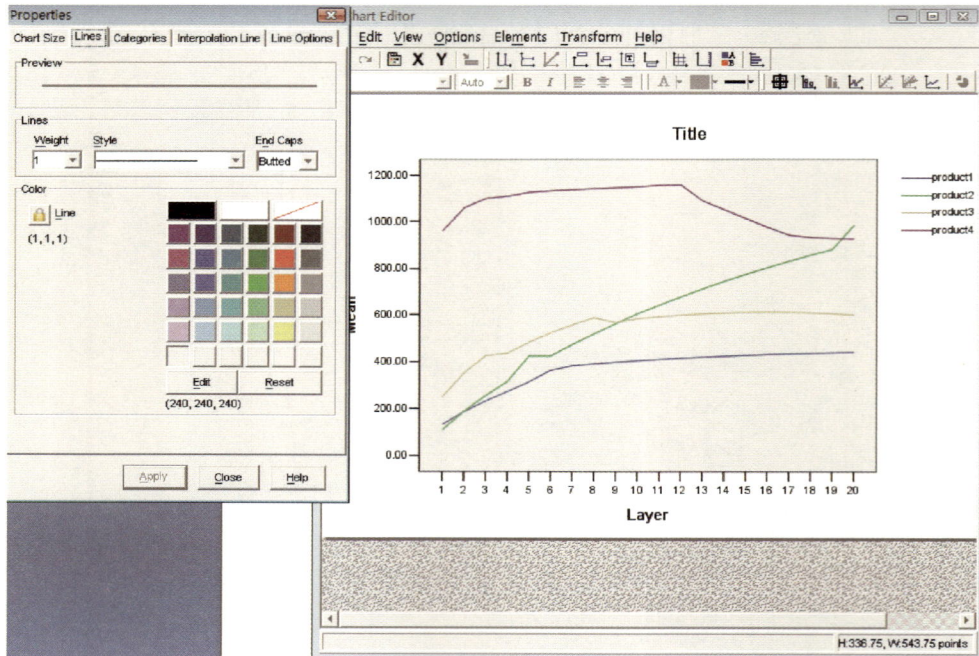

（b）

图 4-23 输出图形编辑操作

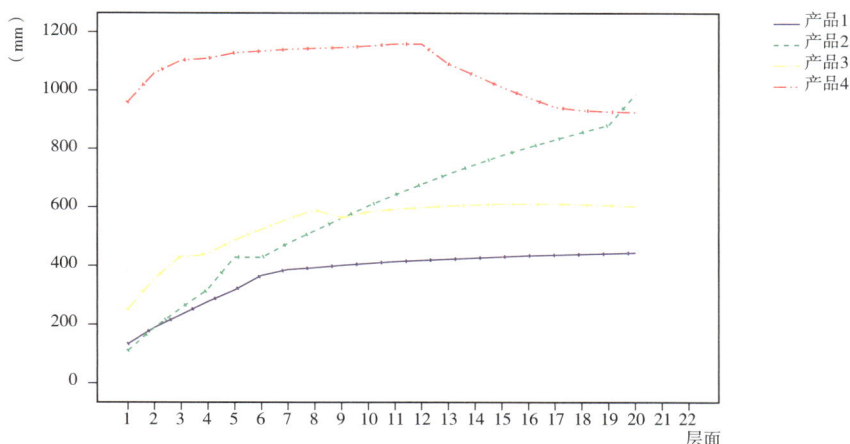

图4-24　最终产品断面面积量化输出折线图

4.4　不同产品断面图的阅读和意义分析

用上述断面扫描法获得的产品断面面积折线图，可直观反映产品断面面积变化情况，除了2.4所述对手持产品在人机交互方面有重要意义外，对各类不同产品，也可从断面图中获得产品美学和形态功能等方面的重要信息，这是研究产品曲面特征和变化规律的有效工具。

4.4.1　断面面积折线图的阅读方法

以剃须刀产品断面面积折线图为例，阐述断面图的阅读方法。

（1）产品断面变化折线与横轴的夹角度数代表形态变化趋势。

图4-25为直柱式扁平剃须刀和L式剃须刀的断面面积折线图，由图4-25可知，从分析层的第1层到第21层，折线的子线段一共有20段，根据坐标数值（由于纵坐标与横坐标的绝对数值相差千倍，会导致计算出的斜率值近似相等而难以表达斜率的差异关系，因此定义横坐标每个单元格的数值为100），可以得出产品折线和手指折线的20个子线段的斜率值，即Slope（n）=［AREA（$n+1$）-AREAn］/100。然后，根据子线段的Slope值求出子线段的倾角 α（n）=arc TAN Slope（n）。这样就可以直观地将产品或手指的形态变化趋势用确定的数值定量地表达出来了（见表4-2）。

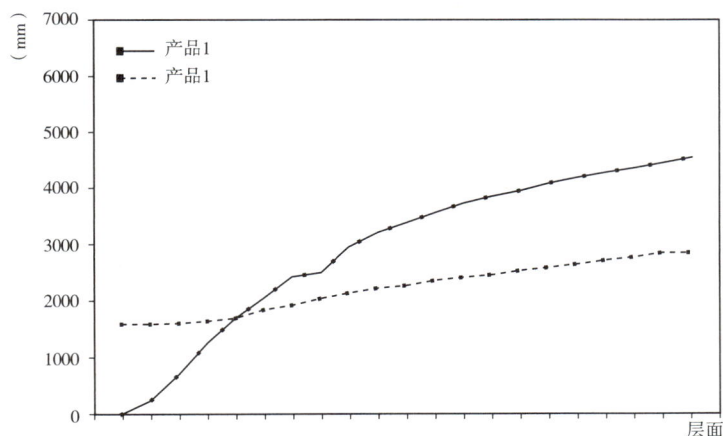

图4-25

表 4-2 产品和手指的每个子线段夹角

α（n）	层面（Layer）	1	2	3	4	5	6	7	8	9	10
	分断（Segment）	1	2	3	4	5	6	7	8	9	10
产品（Product）1		60.8	76.6	79.2	76.3	74.4	73.2	36.4	77.0	65.5	59.6
产品（Product）2		8.7	9.6	26.3	34.4	49.3	49.9	43.2	39.8	36.5	37.4
大姆指（Thumb）		19.9	24.3	43.9	31.7	28.5	29.5	30.8	25.9	23.1	19.3
食指（Forefinger）		1.9	4.8	6.1	6.8	22.3	27.6	34.7	33.0	24.5	19.5
中指（Middle finger）		7.5	7.2	9.9	19.1	33.8	39.0	31.0	26.1	27.1	20.6
无名指（Ring finger）		17.8	18.2	29.3	29.0	32.8	33.0	28.3	25.9	21.4	19.6
小指（Little finger）		13.5	15.9	17.0	24.6	24.5	22.8	24.1	23.7	24.7	24.4
α（n）	层面（Layer）	11	12	13	14	15	16	17	18	19	20
	分断（Segment）	11	12	13	14	15	16	17	18	19	20
产品（Product）1		60.6	57.2	46.5	48.7	46.3	49.7	40.0	37.2	39.9	30.0
产品（Product）2		33.0	31.0	31.0	29.3	33.9	31.8	31.5	27.8	40.2	22.8
大姆指（Thumb）		15.9	15.6	15.7	16.1	14.0	17.4	13.3	15.1	14.5	13.3
食指（Forefinger）		18.4	17.5	17.7	16.6	15.9	14.7	14.3	10.9	9.3	8.3
中指（Middle finger）		19.8	19.0	17.7	17.8	16.6	12.8	12.9	11.8	12.2	11.9
无名指（Ring finger）		16.5	14.3	13.4	13.6	13.0	12.4	12.8	12.5	10.7	10.1
小指（Little finger）		26.3	26.7	28.4	25.3	25.6	23.4	20.4	16.4	13.2	13.5

（2）产品形态变化折线和手指形态变化折线的夹角值代表两者形态的匹配关系。

将剃须刀的等高线分层面积变化折线与五指的等高线分层面积变化折线重叠在同一坐标系里，如图 4-26 所示，读取折线之间的夹角就可以直观地反映出剃须刀的握持形态与使用者五指形态的变化比对关系，不仅能够反映出在每个高程分层上点与点之间的形态变化关系，也能反映出剃须刀和五指的整体形态变化比对关系。

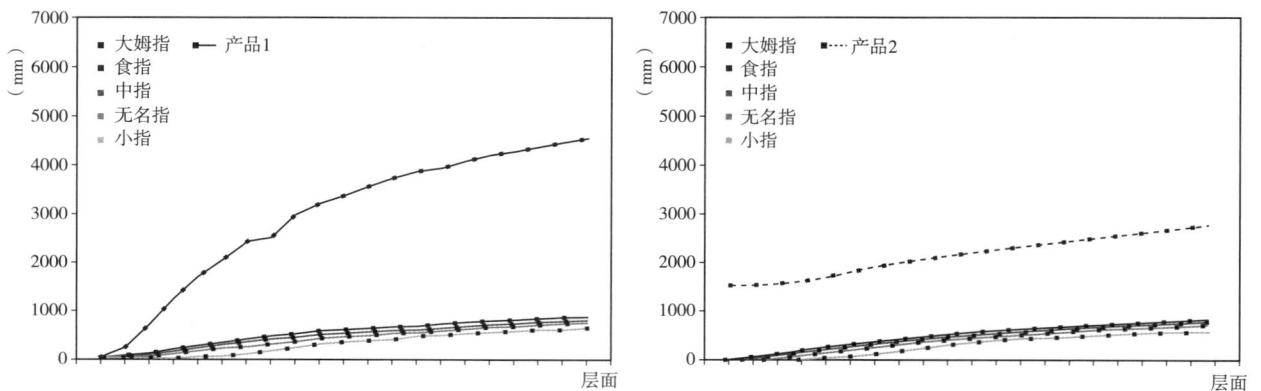

图 4-26

由图 4-26 可知，产品和手指的形态变化折线都是由 20 个子线段组成的折线，且折线的转折点横坐标彼此重叠，因此根据数学原理：转折点横坐标一致的两条折线之间的夹角 θ' 等于各子线段夹角的加权平均值，即 $\theta'=a\theta1+b\theta2+\cdots+m\theta13+\cdots$，可以得出产品形态变化折线和手指形态变化折线的夹角值 $\theta(x，y)=|\alpha x1-\alpha y1|/20+\cdots+|\alpha x20-\alpha y20|/20$，计算结果，如表 4-3 所示。得出结论：折现的夹角越小，两者之间的形态变化越接近，匹配度越高。

表 4-3　　　　　　　　　产品和各手指的断面面积折线图的夹角值

θ（产品，手指）	手指（Fingers）				
	大姆指	食指	中指	无名指	小指
产品 1	35.365	40.515	38.065	37.525	35.035
产品 2	15.38	15.86	13.59	14.94	11.83

4.4.2　断面图的意义分析

断面图是一种能够描述产品表面变化关系的图。其有两种形式：①分层设色图，②面积变化折线图。

在产品分层设色图中，根据颜色深浅的变化可直观地看到曲面变化的流畅程度，在变化过程中，如果某一色块面积突然变得特别大或特别小，说明此处曲面变化不平稳，形态有突变情况，产品表面有凹与突的情况，对产品外观和日常维护产生一定影响。在改良产品时要尽量避免小范围的塌陷和抬起，曲面要匀称变化。分层设色图的外轮廓构成了的产品形态等高线图，是构成产品外轮廓的曲线，表现了产品的整体形态特征，从美学角度审视产品。不同层级的等高线形态反映了产品形态变化的连续性，表面小空间塌陷和抬起会造成等高线混乱，出现不封闭不连续的情况。

断面面积折线图直观地呈现了产品表面面积变化情况，折线较为平稳表示产品断面变化连续；有突变拐点则代表产品表面突然凸起或凹陷，拐点向上表示面积增加说明产品有突起，拐点向下表示面积减少说明凹陷；此外，还从图中可得出产品表面塌陷面和抬起面的位置及塌陷或抬起的程度。根据断面图分析可推测出以下结论。

（1）断面结构线密集处为产品在形态上坡度变化较大处。

（2）双曲对顶的断面结构面结构线出现的位置容易出现应力集中。

（3）陡然出现的封闭断面分析线可能是放置功能模块的地方。

（4）面积变化折线的波峰和波谷位置取决于产品种类。

（5）出现面积突变的位置可能是引导人机交互，暗示使用方式的负形结构。

4.5　产品断面扫描与人机交互

由于断面分析法是能够描述产品表面变化关系的分析方法。从断面分析的数据中可读出产品的功能模块对产品整体外形的影响；局部的断面分析法得出的数据可作为判断局部功能设计优劣的依据。更加重要的是断面分析法能够以数据体现产品表面曲面变化，由于人手部与产品接触，在产生的行为下，手部也会形成相应的等高线分部。对这两种曲面变化进行比对分析，所产生的结果对研究产品与人之间的交互有着重要意义，以该种方法作为基础对产品的断面进行分析研究，能使产品更加合理地与受众和产品接触部分有效结合，达到较为优化的人机交互方式。

下面以对锐奇与博世手持电钻断面分析为例，深入剖析一下产品断面扫描与人机交互之间的关系。

确定产品与人手相接触的部分（见图 4-27）；再通过断面数值的变化列出极值显示表（见表 4-4），判断出产品的断面变化规律。将两者进行对比，通过断面数据说明手与产品在接触面上的相互作用。

表 4-4   锐奇与博世的断面变化极值显示

锐奇（KEN）	波峰	①—②	⑤—⑥	⑨—⑩	⑫—⑬
	波谷	②—③	⑦—⑧	⑩—⑪	
博世（BOSCH）	波峰	③—④	⑨—⑩	⑪—⑫	
	波谷	①—②	④—⑤	⑩—⑪	⑫—⑬

通过分析锐奇（KEN）与博世（BOSCH）的曲线波峰（见图 4-28），得出波峰出现之处是由于产品在断面分析过程中涉及的功能模块，由于功能模块在空间产生的突变使得所在断面面积出现突然变化，由此可以找出断面突变的区域。该模块是与人手接触最多的产品上区域。突变会直接影响产品部分表面结构曲线变化，从而使得该部分的面及曲线变化与产品整体不能达到一致。然而有功能模块引起的突变并不是错误，区域有类似于该种功能模块陡然出现引起突变，称作产品的活性区域。

图 4-27

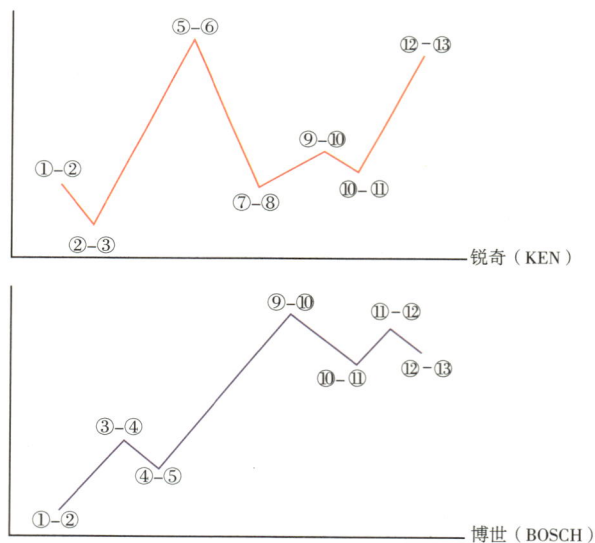

图 4-28

在通过断面分析判定出产品的活性区域后，便可在后面的课题中，运用之后的寻线分析部分，从而得出产品的活性区域是否与手部操作方式相协调，进而得出整改方案，最终得到最优解。

上面对于手持电钻的断面分析，是将断面间接地运用到产品改良中的案例。而下面有关电动剃须刀的案例，则是通过对产品及手的断面分析，从而对比得出了最优方案。

如图 4-29 和图 4-30 所示为两款小型手持电动工具剃须刀的断面图及手指形态数据的采集图。操作使用剃须刀的主要动作是握持状态下的手部反复动作，手部的握持动作也不同，产生的使用体验也就不同，而这个实验的目标是得出实验人员操作两款实验对象时的手指舒适度结果。因此通过运用上一章产品断面扫描的基本流程的步骤，得出一系列断面面积变化折线图，通过比对手和产品面折线斜率的匹配程度（分析过程详见 4.7 断面图的阅读和意义分析），可得出两款剃须刀的形态匹配度。

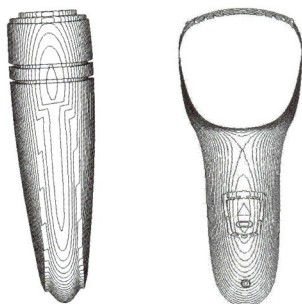

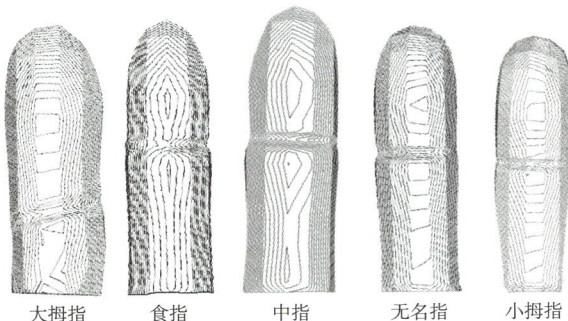

大拇指　　食指　　中指　　无名指　　小拇指

图 4-29　　　　　　　　　　　　　　图 4-30

（1）直柱式扁平剃须刀与实验操作人员右手五指的形态匹配度 M（Product NO.1，Hand）=0.5856。

（2）L 式圆柱剃须刀与实验操作人员右手五指的形态匹配度 M（Product NO.2，Hand）= 0.8414。

M（Product NO.1，Hand）小于 M（Product NO.2，Hand），即在两款剃须刀中：L 式圆柱剃须刀与手指的形态匹配度比较高，说明两者在形态变化趋势上互相比较贴合，因此手指握持的舒适度也应该比较高；直柱式扁平剃须刀与手指的形态匹配度比较低，说明两者在形态变化趋势上的贴合度差，无疑会造成手指握持的舒适度较低。

所以实验结论是：L 式圆柱剃须刀的手指握持舒适度高于直柱式扁平剃须刀。

上面这个实验将产品的断面扫描图数据与人手部的变化曲面数据进行比对，从而得出了手部与两款剃须刀表面的相适程度。从数据的角度选择出了与手部更贴合的方案，得出最优化的方案。

4.6　断面质心构建的产品趋势线

上一部分，提到断面扫描在人机交互方面的应用，而其中较为先进的一种方法便是借由断面质心所构建的产品趋势线，判断产品是否适合人机交互，下面将详细介绍得到断面质心所构成的产品趋势线的方法。

4.6.1　单条断面质心线的实验方法

下面以汽车方向盘为例，演示一下得到单条断面质心线的过程。

（1）在之前的 4.2 节和 4.3 节中已经介绍了产品断面扫描的流程，在截取产品断面之后选中评估中的剖面属性（见图 4-31），出现如图 4-32 所示的对话框。

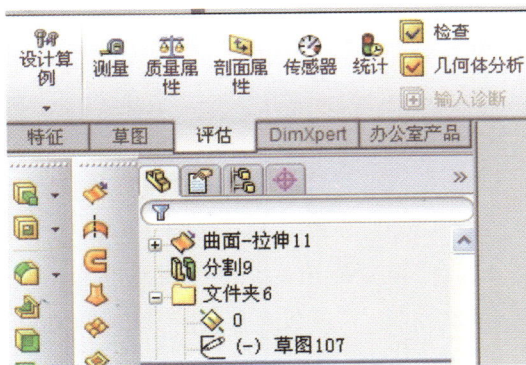

图 4-31

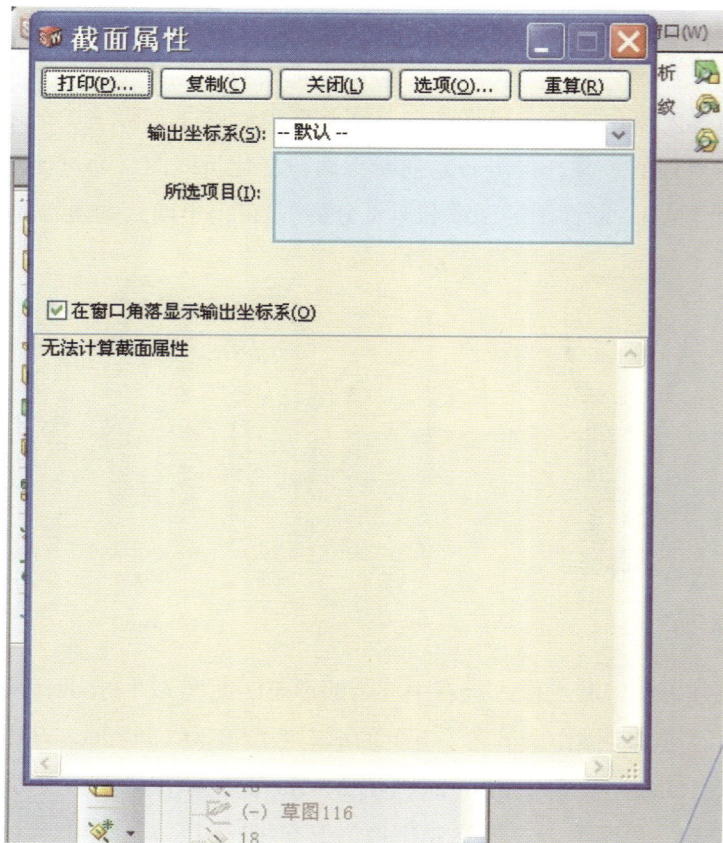

图 4-32

（2）选中想要得到质心数据的剖面（见图 4-33），选择重算按键，得到计算结果，记录其中需要的数值（见图 4-34）。

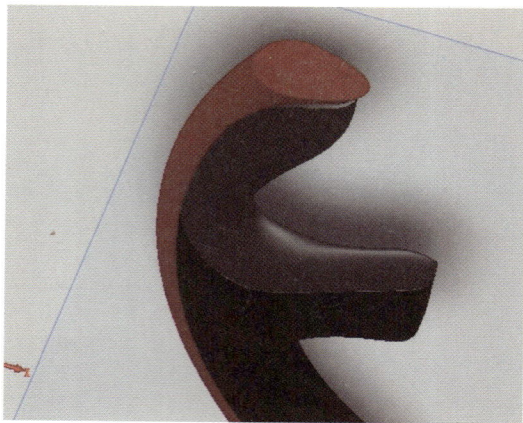

图 4-33

（3）如此反复记录之前剖切的截面数据，根据记录的数值在每层截面上草图绘制出其质心点（见图 4-35），随后得出一系列的质心点。

（4）得出一系列质心点后，用 3D 草图工具将各个点连接起来，形成产品的一条质心线，而这条线代表了产品整体的变化趋势（见图 4-36）。

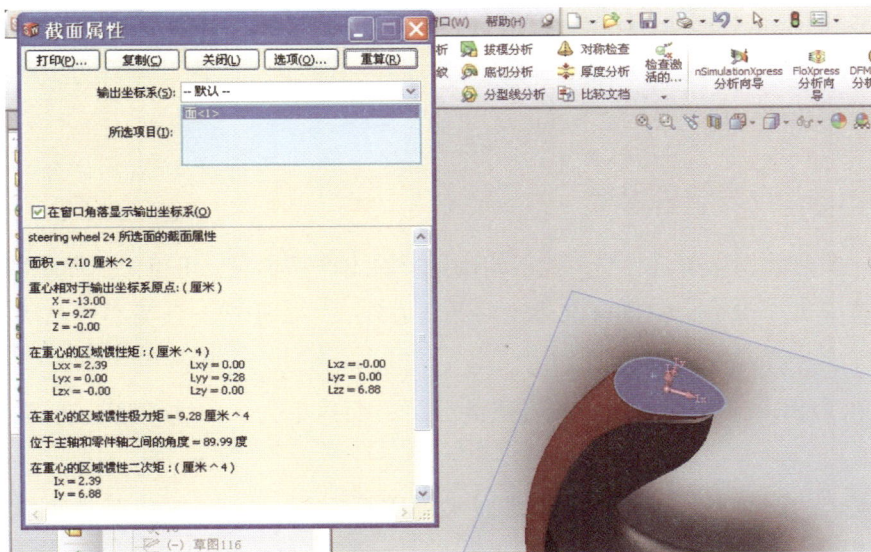

图 4-34

得到质心线之后，分析其各段曲率，与手握时的曲率进行对比，从而得出相适度。

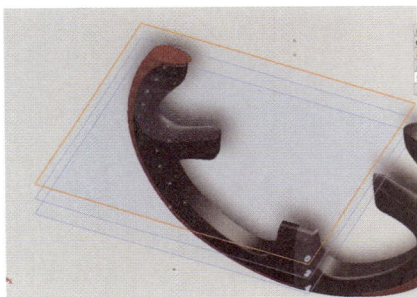

图 4-35

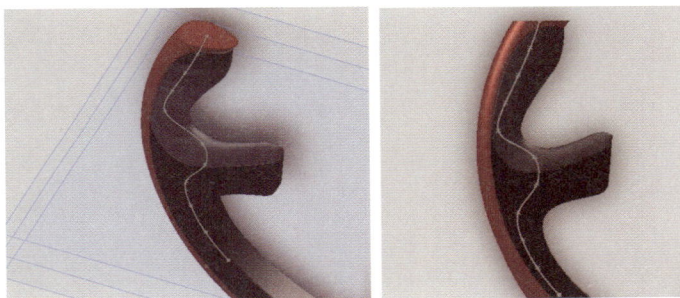

图 4-36

4.6.2　同类产品的质心线比较

同时对于同类的不同设计的产品，质心线可以用于辅助分析不同设计的优缺点，从而对比得出较好的设计方案，以图 4-37 所示的两组方向盘为例。

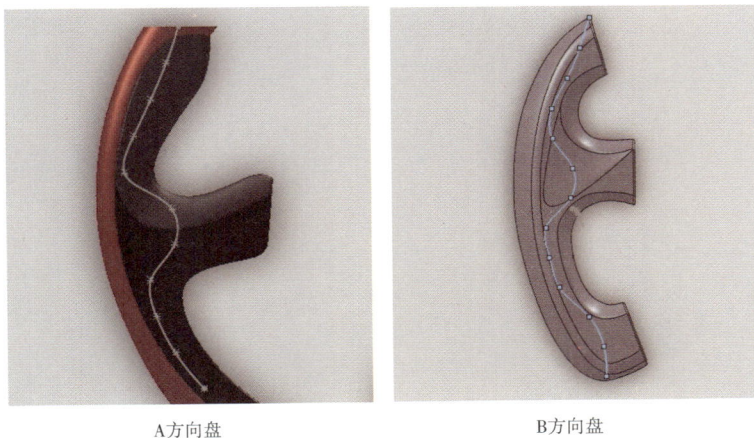

A方向盘

B方向盘

图 4-37

在图 4-37 中我们可以看到 A、B 两只方向盘的质心线的大体走势，A 方向盘在某几处地方的曲率变化明显比 B 方向盘突兀，同时 A 线条整体的平滑度相较 B 线条差，因此可以初步判断出 B 方向盘比 A 方向盘的设计更加合理一些。

4.6.3　多条质心线的实验方法

而对于其中一些产品，一条质心线不能很精确地反映出产品状况，可以像前面 2.2 提到的那样将截面分成 4 个部分甚至 n 个部分，每部分都得到一条质心线，一共形成 n 条质心线，从而使产品形态的表达更为清晰、准确。

仍然以方向盘为例，进行对多质心线方法的分析，而这里为了方便讲解，将得出产品的 4 条质心线。

（1）在之前切出的剖面上，以 4.6.2 中得出的截面质心为中心，沿 XY 轴画出两条结构线，将截面分成 4 份（见图 4-38）。

（2）根据之前得出截面质心的方法，分别得出分割出的 4 份分截面的 4 个质心（见图 4-39）。

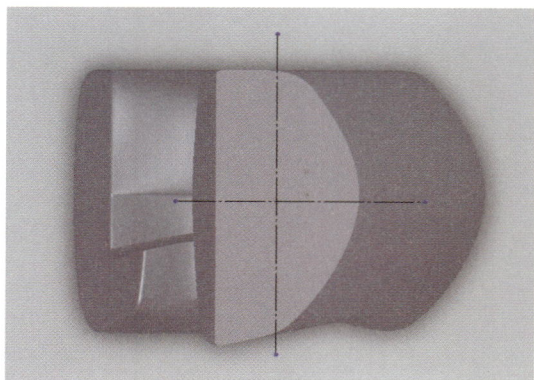

图 4-38

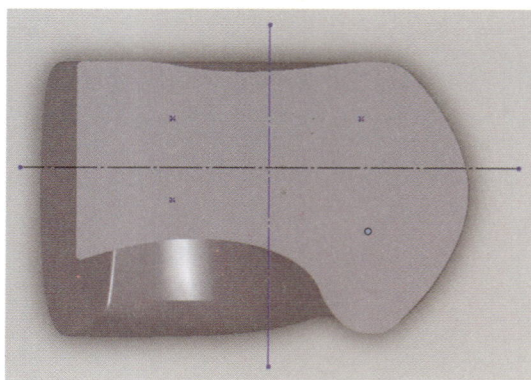

图 4-39

（3）最后得出所有的质心点（见图 4-40）。

（4）分别连接各个面上的质心，从而得出 4 条质心线，如图 4-41 所示。

图 4-40

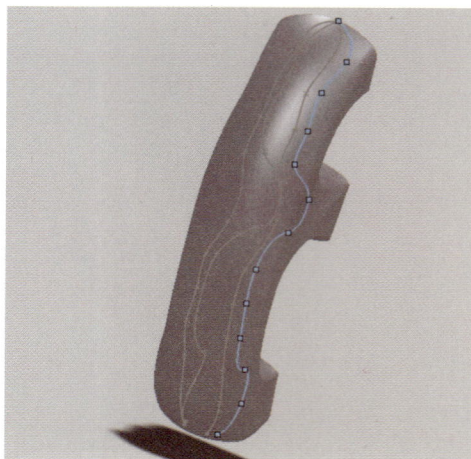

图 4-41

从方向盘 B 中得出的 4 条质心线，可以更明显地看出这个产品的整体走势，也更明显的分析出与方向盘 A 相比，B 方向盘的整体优势在哪里，使得分析更精确，结论更有说服力。

所以对于形态较为复杂的产品，可以绘制更多的质心线，从不同方向的质心线进行详细研究，从而达到对形态的精准分析。

课后练习

1. 手绘产品断面图

根据索尼 BRAVIA VPL-HW10 投影仪的不同视图，以俯视图为基本功能使用面，确定等高线高程和径向分析深度，要求断面分析层数不少于 5 层，等比例手绘产品断面图分层设色图，用网格法计算出各截面面积，绘制折线图，并提出分析结论。

附：参考实例

该练习可参考 Benq MP525 投影机断面绘制的步骤。

（1）手绘产品三视图的外轮廓线框图。

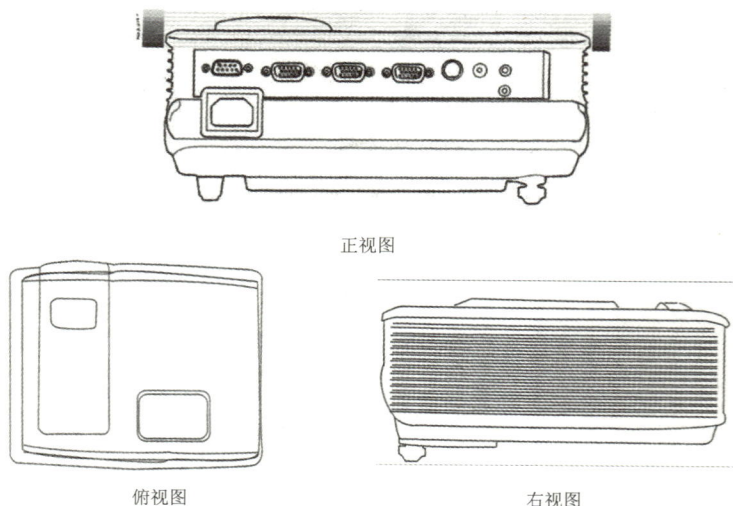

正视图

俯视图

右视图

（2）确定等高线高程和分析深度，用不同色度的马克笔在前视图中标出分析截面的位置及对应的颜色。

（3）参照右视图剖面图（只选取分析深度部分），在俯视图中用不同色调的马克笔勾勒产品断面轮廓并根据对应的分层断面上色，完成产品断面分层设色图。

（4）在俯视图中绘制网格，统计不同色块所占的网格个数。

（5）绘制面积变化率折线图。

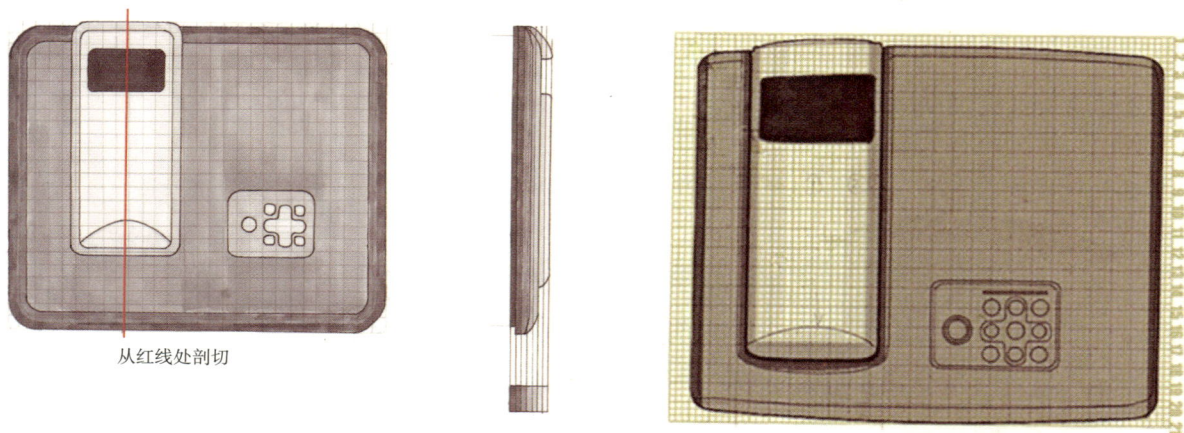

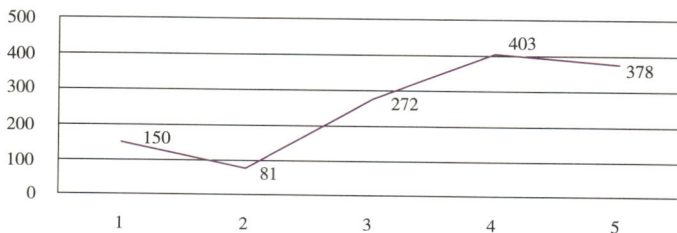

从红线处剖切

第5章
Chapter5

寻线设计方法改良

5.1 贝塞尔曲线的基本内容

5.1.1 贝塞尔曲线

贝塞尔曲线（Bézier curve），又称贝兹曲线或贝济埃曲线，是应用于二维图形应用程序的数学曲线。1962 年，在雷诺汽车公司供职的法国数学家 Pierre Bézier 为解决计算机图形对汽车主体设计的限制，研究出这种矢量绘制曲线的方法，并给出详细的计算公式，奠定了计算机矢量图形学的基础。

目前，贝塞尔曲线已成为计算机图形学中相当重要的参数曲线。除了常见的矢量绘图软件，如 Corel DRAW 和 Illustrator 等均具备了完善的贝塞尔曲线绘制功能，相当一部分位图软件，如 Photoshop 等也具备了该曲线绘制功能，Adobe 公司开发的 Flash 软件，从 CS5 版本起，也引入了完善的贝塞尔曲线绘制功能，以便于设计用户对软件的独立使用。

5.1.2 贝塞尔曲线的主要参数及特征

任意一条贝塞尔曲线均由 3 部分构成，即曲线本身（见图 5-1 中的黑色曲线）、两条控制线（见图 5-1 中的蓝色直线 AB 及 CD）及 4 个 CV 点（见图 5-1 中的黄点 A、B、C、D）。根据位置的不同，将位于曲线两端上的 CV 点称为起始点和终止点，而将另外两个 CV 点统称为中间点 。在实际操作中，中间的 CV 点（见图 5-1 中 B 点及 C 点）和控制线是虚拟的控制部分，其重要性在于对曲线曲率（移动中间点，见图 5-1 中 B、C 点）的调节，调节起始点和终止点（移动图 5-1 中的 A、B 点）则能够实现对曲线位置的改变。

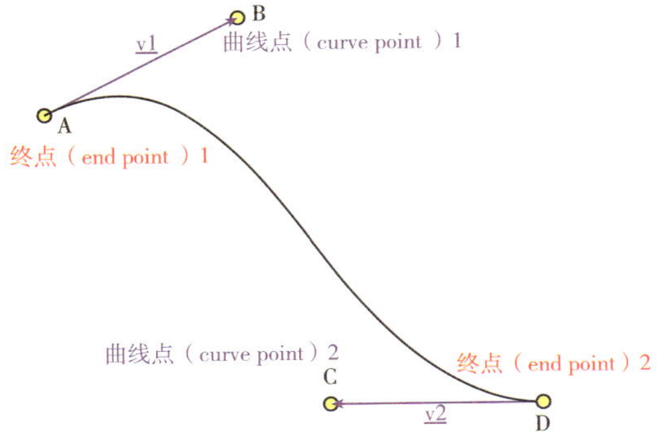

众所周知，利用计算机进行绘图，特别是三维绘图的主要手段是通过操作鼠标来掌控线条的路径，这本身与手绘

图 5-1 贝塞尔曲线及其参数特征

的感觉以及效果相去甚远。即便是能够轻松绘制出各种图形的专业画师，想要通过鼠标随心所欲绘制图形也并非易事。贝塞尔曲线在一定程度上弥补了这一缺憾，特别是贝塞尔曲线通过数学定义的先天优越性，使其具备了极限逼近准确曲线的数值特征，在实际操作中，对于一条绘制完成的贝塞尔曲线，只要通过对 CV 点的控制，便可获得理想的曲线类型，因此这种"智能化"的矢量线条无疑为艺术家和设计师提供了理想的图形编辑与创造工具。

5.2　样条曲线的壳线与产品改良设计中的样条线

5.2.1　样条曲线的特征及其壳线

样条曲线是指给定一组控制点而得到的曲线，曲线的大致形状由这些点予以控制。一般而言，样条曲线可分为逼近样条和插值样条两种，逼近样条常用来构造物体的表面，而插值样条通常用于数字化绘图或动画的设计。样条曲线来源于对贝塞尔曲线的广泛定义，可以将贝塞尔曲线看成是样条曲线的一种特例存在。除贝塞尔曲线外，非均匀有理 B 样条曲线，即 NURBS 曲线也是一种被广泛使用的样条曲线，它不仅能够描述自由曲线和曲面，还提供了表达如圆锥在内的多种几何体曲线、曲面的统一表达式，AutoCAD 软件就是以 NURBS 数学模型为基础创造样条曲线的应用代表。

样条曲线是通过一组逼近"特征多边形"（也称"控制多边形"）的光滑参数曲线所构成的，我们将这些"特征多边形"称为样条曲线的壳线（hull，见图 5-2 中的灰色直线）。作为贝塞尔曲线的广泛性定义曲线类型，样条曲线可以看作是在"特征多边形"内，由多段贝塞尔曲线相互拟合所构成的曲线，这一特点类似于徒手在正方形内部绘制圆形的案例。从这一层面上来说，除壳线之外，样条曲线也具备了贝塞尔曲线的两个基本要素，即曲线本身（见图 5-2 中黑色曲线）、CV 点（见图 5-2 中红点）。我们通过对 CV 点的调节来实现对样条曲线曲率、位置的改变。

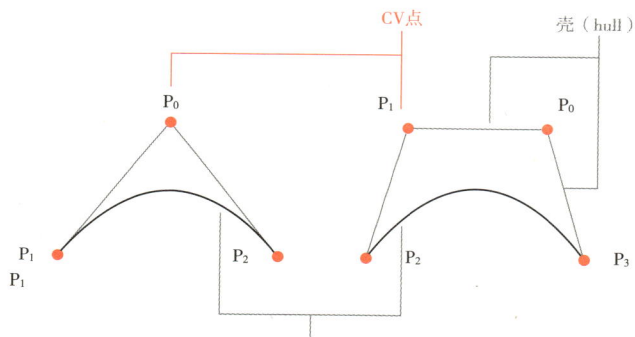

图 5-2　样条曲线及其参数特征

与贝塞尔曲线不同的是，样条曲线还拥有另一个非常重要的特征参数：曲线的"阶数"（Order），拥有越高阶数的曲线往往越复杂，CV 点也越多（样条曲线的 CV 点数为曲线阶数 +1）。通常，我们通过壳线（hull）的数量对样条曲线的阶数进行定义，如图 5-2 中左侧的曲线具有两条壳线，因此定义为二阶样条曲线，同理右侧的曲线称三阶样条曲线，并以此类推。高阶样条曲线往往通过多维度的构成，形成广泛化的样条曲面，并被应用于多种三维绘图软件中，如 Rhino、3ds Max、Solidworks 等。壳线除了能够定义样条曲线的阶数，其长度和角度还描述了"静止"状态下样条曲线的数值与形态特征，我们将在本节的第三部分对其重要性进行讨论。

5.2.2 产品改良设计中其表面样条线的性质和分类

任何形体均由线和面所构成，而线条则是具有形体意义的最基本单位。一般意义的产品形体改良设计，从本质上说便是对产品各处线性进行比较和修改，以到达更为完美的统一、和谐关系。这一过程在计算机虚拟改良设计中，则体现在我们往往会通过对产品实体进行分析后，在六视图中修改相关线形，并选择最具备产品特征的多个视图面（一般不少于 3 个）来重建产品的虚拟三维模型，如发现三维模型中的线条仍有破坏或不符合产品整体特征时，再回到平面视图中进行调整，这一方法可简述为"产品实体分析、平面视图修改——三维模型重建——平面视图调整——三维模型修改"的设计过程，很多时候这一过程需要反复多次。

按照产品表面样条线的性质，我们将其分为以下 4 个部分。

1. 面交叉线

面交叉线主要是指产品上双面交叉而产生的线，这里所说的"面"可以是平面也可以是曲面。如果双面之间采用圆角和倒角进行处理，则会产生两条平行的线，在实际的线形分析中，这些问题需要用线图的方式进行比较，并尽可能考虑到各种不同的情况，例如圆角产生的两条线可能是平行关系也可能是不平行关系，这取决于圆角半径是否一致。

这一类型的样条线往往是产品中数量最多，也是较为复杂和难以处理的线形，这主要取决于面交叉线并不独立存在，而是与构成它的两个面相互影响。在处理多个面交叉线以达到较为和谐的关系时，这样的影响会更加凸显。面交叉线也是决定产品语义特征的重要线形，很多时候，它甚至是产品的身份表征。例如一般情况下，欧洲产品的面交叉线相对于日、韩产品的面交叉线要更加硬朗、锋利；生活产品的面交叉线要比工业产品的面交叉线更加柔和、舒缓等，我们能够很容易通过产品面交叉线所表达出的产品"精神"来辨别产品的设计来源或使用对象。当然设计师本身在设计产品时，不但应该通过产品面交叉线赋予产品"身份表征"，更应该通过对面交叉线的合理布局形成产品的整体特征，以及对产品的人机交互性的完善（如对人机交互处进行圆角或倒角处理）。

2. 产品轮廓线

在三维形体的考量中，产品轮廓线是不存在的，它是产品静止于某一视图时所呈现的特殊线形。以归属的角度来说，产品轮廓线又是上述所讨论的面交叉线的一种特殊存在，但产品轮廓线对产品形体特征的意义依然是所有线形中最大的，这表现在两个方面，一是产品六视图是产品工程交流、数据表达的主要手段，而产品轮廓线往往能够直观界定产品整体尺寸规格和存在形态；二是产品轮廓线，尤其是标准视图下的轮廓线是作为产品改良的重要依据。绝大多数产品的"形态改良"都是以维持产品现有形态为前提的，因此在形态改良设计中更多需要调整的往往是产品的内部线形，轮廓线便是其调整的参考依据。

当然，实际的设计过程要远远复杂于理论的说辞！因为现实生活中，我们不会永远只看到产品标准视图下的线条关系，如果从多维的非标准视图角度去观察物体，那么物体的轮廓线以及和内部线条的关系可能会产生巨大的乃至无法被接受的重大变化，这是设计师和消费者都不愿意看到的，也是产品中处于多个维度的线条难以协调的主要原因。例如汽车的 C 柱，它是汽车侧面、背面和顶面 3 个面的交叉线，我们需要在 3 个面内为 C 柱的存在寻找合理的原因，即在各个面内都有与之协调的多个线条关系。但有趣的是，一般情况下 C 柱在顶视图和后视图中并非轮廓线，在侧视图中却是重要的轮廓线之一。

3. 连续空间塌陷边线

对于任何产品设计，其完整性都应该是被设计师所考量的重要因素，而因产品分型线、产品 LOGO 和空间塌陷产生的边线，往往是造成产品完整性缺失的罪魁祸首。

这一类线形一般分为可简化的空间塌陷边线和不可避免的空间塌陷边线两类。可简化的空间塌陷边线的典型案例是个人笔记本侧面，多个 USB 接口以及 SD 插槽、散热口等功能接口连续排列所导致形体上连续的空间塌陷，造成视觉上的复杂度和不完整性。其简化方法一般为隐藏、减少部分功能接口和统一塌陷边线的线性特征。不可避免的空间塌陷边线案例是电脑和手机键盘，因按键的空间抬起造成的周边连续空间塌陷边线破坏了产品的整体性。在这一问题上，传统键盘按键自身的凹陷又进一步强化了视觉复杂性，要知道按键上所印制的数字和字母本身也是造成连续空间塌陷的重要因素！这样就变成了键盘边线、字符线形、按键凹陷三者共同存在，进一步降低了视觉协调的可能性。解决这一矛盾的成功案例当属巧克力键盘，在无法规避的空间塌陷问题上（按键必须抬起），巧克力键盘的设计通过统一的边线特征（平行、等距）和较低的空间抬起处理，形成了相对较好的视觉美感。

空间塌陷除了会对产品整体完整性造成视觉破坏外，对产品的加工、结构强度等均存在不利之处，例如笔记本侧面往往较薄，当出现连续空间塌陷后，设计人员需要采取更多的强化结构来支持产品的可成型性。因此，设计师应该在不有损产品功能和成本、技术许可的情况下，规避过多的连续空间塌陷。对这一部分线形分析的关键是考虑到各种情况并用线图的方式进行描述。当然，"Less is more" 的指导原则应该被纳入设计师的参考之中。

4. 其他线条

产品本身是一种复杂性的存在，其表面的线条更是如此，上述所归纳的 3 种线条是从对产品构成的重要性、影响程度和在产品改良过程中最应被关注的程度出发所归纳的。在实际的操作过程中，每一位设计人员都有自己的细分标准，但无论如何，最终的目的是在考虑成本、技术、人际交互等多个问题下，通过对产品表面线条的合理设计，实现产品的整体秩序和视觉美感。

5.2.3　产品改良设计中其表面样条线间的关系及选择方法

线条间的关系不胜枚举，如平行、垂直、空间角度交叉等，本节我们所要探讨的线条关系，是通过线条在产品的改良设计中，能够产生的作用来定义的。每一根线条都具有自己的参数特征，具有自己的空间位置，但在产品改良设计中，讨论单一的样条线是没有意义的，因为好的线条不仅要有自身的美感，更需要不漏痕迹地融合在产品的整体线条关系中。是否能够"寻"出产品表面样条线间的关系，很大程度上决定了产品改良设计的成败。从这个角度来说，产品表面样条线的关系可以被定义为"寻线"和"被寻线"的关系。

下面的案例通过一款散热器，对"寻线"和"被寻线"的概念作进一步说明与分析，如图 5-3 所示。

一般来说，在产品改良设计中，"寻线"是指在某一视图面内与该视图面内绝大多数样条线存在和谐关系的，或因产品形态、结构需要无法改动的主要线条，此时"被寻线"则是指在同一视图面内以上述"寻线"为参照，并需要与其存在线性关系的产品样条线。

由散热孔构成的线A、B、C间呈寻线关系，同理线C、D、E也呈寻线关系

由散热器边缘构成的线A与小孔B的临近边缘呈寻线关系，A与C也呈寻线关系

突出部分构成的线A与小孔临近A的边缘线B呈寻线关系，C与D呈寻线关系

凸起部分散热孔构成的轮廓线C与凸起结构线A及小孔临近线B呈寻线关系，DEF同理

图 5-3 散热器寻线线条分析

确定产品中的"寻线"和"被寻线"需要视具体产品的设计方向、设计原因和设计师的经验而定，没有严格的标准。但以下列出的四种情形却值得读者所关注。

（1）因设计委托方要求不需要大范围改动产品整体形态，或从人机工程改良角度出发，或鉴于现有同类产品语义传达共识等要求，仅需对产品局部进行修改的产品改良设计。

在此种改良设计中，建议将主要标准视图内的产品轮廓线作为"寻线"进行处理，主要的标准视图指包括前视图、顶视图、侧视图等能够较好反应产品形体特征，或现有产品线条较多且关系较为紊乱的视图面。当然，"寻线"本身并非保持不变，特别是在轮廓线本身出现视觉美感障碍，或在自闭和时与自身某一处线条出现较大的线条矛盾（如直线与大弧度曲线关系），或轮廓线与该视图面内绝大多数"被寻线"出现不和谐现象时，应对"寻线"（轮廓线）进行可接受范围内的修改。在需要对轮廓线进行修改的三种情况中，前两种需要将轮廓线从产品中提取，单独进行视觉审查和线条数据分析。

（2）以产品核心组件为设计基础并带有"包裹式"设计特征的全新改良设计，此类设计也可称之为由内而外的产品改良设计类型。

在表现形式上通常是由技术供应商提供产品核心组件，设计师进行核心组件"包裹式"外观的设计。对于该类设计可选取因核心部件所产生的产品表面样条线或因无法更改的结构而形成的产品表面样条作为"寻线"，并以此为基准，采取自内而外统一或逐步过渡的方法，形成视面内线条间的和谐关系。当然在执行此类设计时，如果因核心组件所产生的产品表面样条线与产品轮廓线之间存在大量可调节样条线时，例如在手机正视图中，从其底部轮廓线通过键盘区逐步到屏幕底部边线，即存在大量可调节样条线，也可以选择产品轮廓线作为"寻线"，并通过自外向内多重线条逐步过度的方法形成线条间的视觉统一性。

（3）系列化产品设计。这一情况通常是针对某一产品系列下新产品开发设计而言的，顾名思义，"系列化产品"应该具备某种传承的连续性特征，而在开发新产品时，应该将这些"系列化特征"形成的产品表面样条线作为"寻线"，以此为基础配置具有相互关系的"被寻线"。

（4）因产品中LOGO而引起的线条关系紊乱。在这一情况发生情况下，对于具有广泛传播的品牌产品而言，选择LOGO作为"寻线"毋庸置疑。但这里值得说明的是，LOGO本身多数由字符或是与产品线性无关的线条所组成，其本身与产品存在巨大的矛盾，但对于具备行业特征或广泛传播的品牌LOGO而言，其本身会透露出独特的线条"精神"，这一"精神"若不与产品整体线条"精神"冲突，且两者之间不存在过多线条矛盾，可予以接受。当然，设计师在着手设计时，便应该将产品LOGO纳入产品线性设计的考虑范畴之内，这对产品系列化和品牌传播有重要意义。另外，在产品中选择更加合适的位置放置LOGO，或适当缩小LOGO面积，或在接受范围内为LOGO增加与周围产品样条线协调的边框都有利于LOGO在产品中的放置。

很多时候，即便成功界定了产品中的"寻线"与"被寻线"，他们之间的关系仍然是难以调和的，特别是在产品表面样条线极少极简的情况下。例如对于最简单的音响，如果对其进行抽象处理，所得到的视图轮廓只有方形和其内部的圆形，这两者之间从线条协调的角度而言极其矛盾，但从产品共识和技术需求角度来说，又都不可更改。即便如此我们依然可以看到非常多优秀的设计（这其中以B&O为代表）从最大程度上环节了这种矛盾，由此可以看出，对于产品中线条关系的处理并不需要异常完美，而需要得到的是一种整体上可被大众接受的和谐秩序与视觉美感。偶尔，因比例、位置、材质、色彩、人机交互等因素的影响，不可调和的线条矛盾反而更让人惊喜。比如Iphone下面那个具有传承意义的圆形按键。

5.3　样条线之间的长度和角度关系

如前文所述，样条曲线是通过一组逼近"特征多边形"（即壳线，hull）的光滑参数曲线所构成的，作为样条曲线的参数特征——壳线，构成这些"特征多边形"的线条对于界定"静止"（非调节）状态下样条曲线的数值与形态特征有重要意义。产品改良设计的本质是对产品表面样条线进行新的规划和布局，通过样条线之间的和谐关系（如平行、近似平行、逐步过渡等）的实现，塑造产品的整体秩序和视觉美感。然而，曲线之间的关系往往只能够以视觉判断的手段实现，典型的案例是在汽车设计中，很多无法通过数学或实验方法界定的样条线都是由富有经验的设计师通过视觉判断来决定的，这必然导致了极大的个人主观认识，有时甚至会造成偏差，更无法从科学数据的角度提供参考。

此时，壳线（hull）成为实现曲线间的数字化比对分析的理想工具。对样条曲线的壳线而言，当样条曲线CV点发生变化时，其长度及角度会发生相应变化，从而影响到向其极限逼近的样条曲线的曲率、长度、终止点位置｛将比对线条的起始点同一水平位置固定｝。因此，对两条具有相同阶数样条曲线比对分析，实质上是对其对应壳线角度和长度的比对分析。

下面的两个案例将通过两种不同的测量、比对方法，对这一过程进行进一步解释和分析。

案例 1

如图 5-4 所示，线条 1、2、3 为三条相似的三阶样条曲线，其起始点固定于同一平面内的同一水平线上。现分别测量 1、2、3 每条壳线长度和两两壳线间的角度，同时测量位于样条曲线起始点上的壳线与固定起始点的水平线间的角度。测量后，对相关数据进行对应记录，如表 5-1 所示。

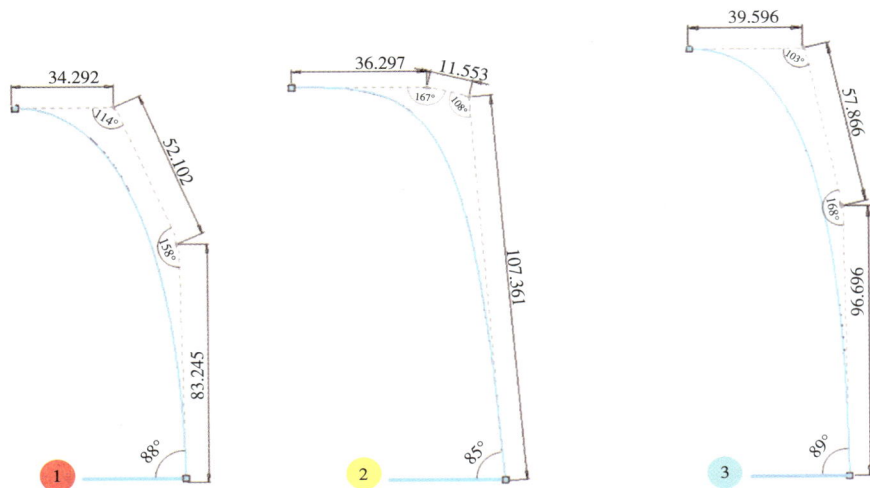

图 5-4　三阶样条曲线比对分析

表 5-1　**样条曲线比对分析测量数据**

组一（长度 / 角度）	段 1	段 2	段 3
线 1	34.292/114°	52.102/158°	83.245/88°
线 2	36.297/176°	11.553/108°	107.361/85°
线 3	39.596/103°	57.866/168°	96.696/89°

图 5-5 中的数据虽然能够显示每条样条曲线的各自数值特征，但对实际的线形分析意义不大，因此还需要对 1、2、3 壳线的对应长度和角度进行两两比较，获取比值的近似值（如图 5-6 所示，此处取两位有效数字）。

1 2 长度角度比	0.94/0.65	4.51/1.46	0.78/1.04
1 3 长度角度比	0.87/1.11	0.90/0.94	0.86/0.99
2 3 长度角度比	0.92/1.71	0.20/0.64	1.11/0.96

图 5-5　样条曲线比对分析比值数据表

为了进一步得到图 5-5 中 9 组比值间彼此的关系，我们将各组比值中的长度比作为横坐标值，角度比作为竖坐标值，绘制在平面坐标系中，利用回归分析的方法，观察各个点对直线函数 y=x 的离散程度。如图 5-6 所示。

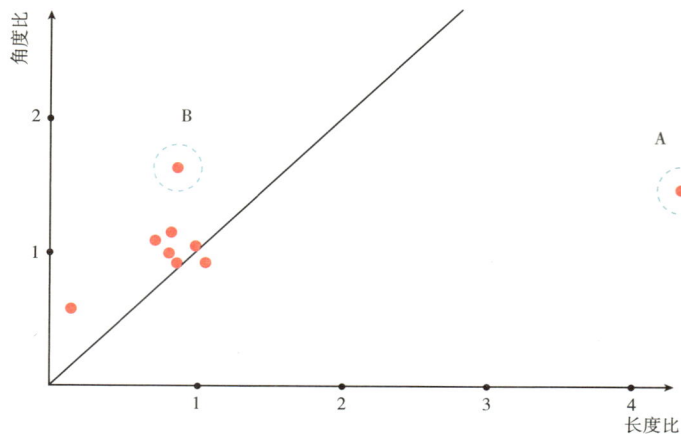

图 5-6　各长度比与角度比数值离散分布图

由图 5-6 易观察到突变点（图中圈出的 A、B 点）的分布出现在远离线性函数 y=x 的位置上，这两个突变点 A、B 在寻线中的关系表现在以下两个部分，如图 5-7 和图 5-8 所示。

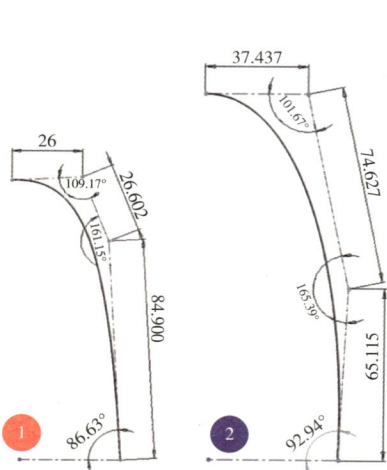

图 5-7　突变点 A 相关联的线条和其壳线关系

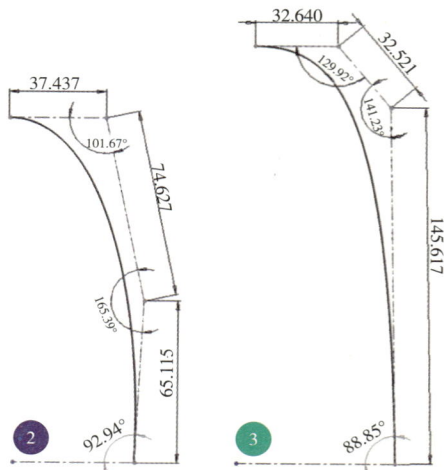

图 5-8　突变点 B 相关联的线条和其壳线关系

通过上述的数据分析和视觉观察，不难发现，当两条样条线壳线的长度比、角度比在平面坐标系中逼近线性函数 y=x 离散分布时，样条线自身的曲率和趋势都具有最大化的相似性，视觉上具有相对良好的秩序感，因此可以认为，样条线的这一部分是彼此协调的；反之，如图 5-7 中的 A、B 点，其分布要偏离 y=x，此时两条样条线相关部分的曲率和趋势就失去了协调性（如图 5-7 和图 5-8 ②部分所示），而这便成为产品改良设计中，产品表面样条线重设计的数据参考。

在具体的操作过程中，首先定义出各样条线间"寻线"与"被寻线"的关系，以"寻线"为基础对"被寻线"做相应修改，修改的原则是要兼顾产品结构、线条自身比例与美感、修改后的比值点在平面坐标系中分布于线性函数 y=x 附近。这一过程通常要反复进行。

案例 1 是以水平线为基础对各样条线内部壳线间关系进行测量，并将不同样条线间相对应壳线数值进行求比的分析方法。这一方法较适用于确定"寻线"后，对多个"被寻线"进行分析和改良。在案例 2 中将提供两条样条线间的参数比对分析方法，该方法更为简单便捷，适用于对"寻线"自身线形和谐程度的分析，其方法的核心是直接对不同样条线间对应壳线关联数值进行测量和比对。

案例 2

如图 5-9 所示，A 和 B 为两条三阶样条线，先将其起始点固定于同一水平线上。确定两条线的"寻线"和"被寻线"关系，并以"寻线"为参照，测量出"被寻线"各壳线对应与"寻线"壳线的角度数值，相关确定"寻线"、"被寻线"的放方法可参考 5.3.2。

这里，为了更直观的表述两条样条线间的对应壳线关系，建议对测量所得的角度值取正弦函数，其原因在于对于两条极限逼近的样条线，相对应的壳线也应极限接近于平行状态，即两者角度的正弦值逼近与数值 0。在本案例中，三段对应壳线角度的正弦函数分别为：$\sin 8.38 = 0.146$；$\sin 10.30 = 0.179$；$\sin 9.13 = 0.159$。通过数值和线形观察，不难发现，只要对中间的壳线进行参数修改便可实现两样条线的协调。

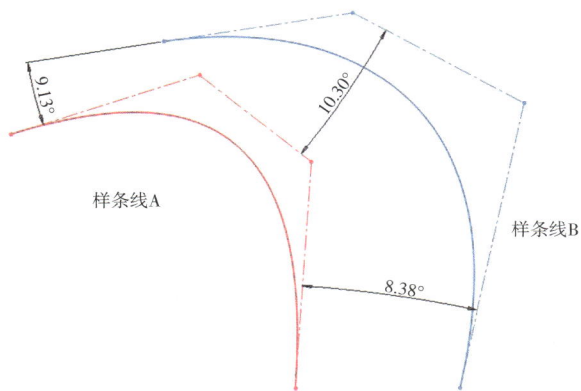

图 5-9

需要强调的是，任何样条线的中间 CV 点均被两条壳线所共享，因此调节一条壳线时往往会影响与之共享 CV 点的另一条壳线，若这一影响显著，还需要对受影响的壳线进行相关调节。

不同风格产品中的线条角度关系，包括直线与直线、直线与曲线趋势线、曲线与曲线趋势线间的角关系，并不一定能用一种固定的角度关系来证明其和谐性，但是较为统一的线条角度范围必然也决定了产品的整体秩序、视觉美感和身份表征。

5.4 产品线条的特征获取与优化

5.4.1 产品线条的特征获取工具与方法

在产品的改良设计中，想要对产品表面样条线进行分析，首先需要对其进行提取，相关的软件工具主要集中在产品设计领域中。本节主要提供通过 Solidworks 提取、Illustrator 修改以及通过 Rhion 提取、Illustrator 修改的研究方法（线条修改也可使用 CorelDRAW 或 Photoshop 等平面软件，读者可根据偏好进行选择使用，以下只例举 Solidworks 和 Illustrator）。

通过 Solidworks 提取、Illustrator 修改的研究方法如下。

步骤一，在 Solidworks 中建立模型，选择某一标准视图内的模型轮廓线，转换实体。

步骤二，选择曲线，右键，显示控制多边形。

步骤三，在"智能尺寸"选项下，标注贝塞尔曲线下壳线（hull）的长度与角度。

步骤四，选择模型整体右击选择"隐藏"，只在主界面留要分析的线，正等轴测投影。

步骤五，在工程图中导出成 AI 格式的文件，在 Illustrator 中进行分析修改，最终呈现改良后的曲线。

对以上两种方法的步骤一，如能获取产品清晰的六视图，同时又不需要对现有产品进行模型重建，可直接将六视图导入，利用相关工具直接获取需要提取的产品样条线。

5.4.2 产品线条的特征优化概括

产品表面线条数量往往随着产品复杂度的增加而倍增，这一现象无疑为实际的产品线条提取增加了难度。在产品的分析过程中，依据设计师对产品提出的要求，根据设计师个人的主观感受，合理优化产品线条的特征通常会对线条提取起到事半功倍的作用。下面将对如何有效优化产品线条的特征提供参考意见。

1. 产品线条特征优化的依据

产品的开发设计过程是一个实质上有别于产品改良设计的过程。在这一过程中，不同种类的产品都可被视为由一个规则几何体经过体的布尔加减运算后所得到，此处以 3ds max 和 Rhion 建模过程为例，若这一过程使用 Solidworks 等工程建模软件，则可概述成规则集合体通过拉伸切除、曲面运算、实体装配等方法获得。因此，任何产品都可以通过逆向方式回到相对规则的产品形态。

从另外一个角度来说，产品本身的复杂性也是存在其规律的。产品的复杂体现在产品的细节结构和表面装饰性特征上，这些细部构造无一例外地是遵从产品本身大的结构特征。所以说，产品整体形态可以通过产品具有鲜明特征并且极其突出的结构特征来概括。正如毕加索的抽象艺术，正是利用事物的主要特征来表现，在鲜明的视觉感受背后留给人们极大的想象空间。

2. 产品特征线条优化的方法

分析视图中每组线的寻线关系，需要提取主要线条。这要先将产品转换为运算前的状态，即一个较为规则且表面线条数量较少的几何体，如图 5-10 所示。

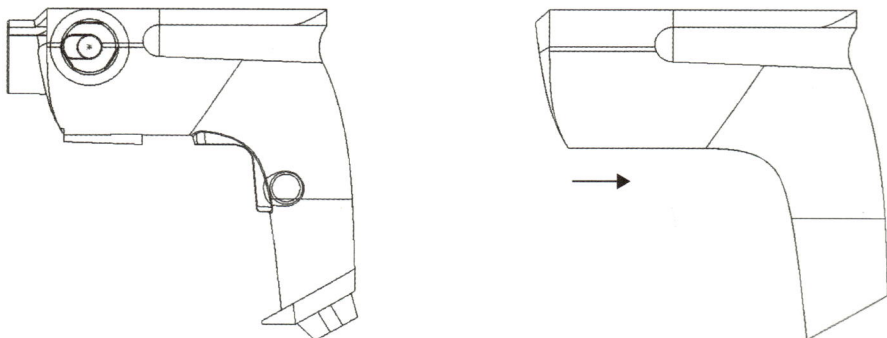

图 5-10　产品完整状态视图及简化到基本形体的状态

完成逆向工作后，需要根据简化后的形体特征，确认决定这一形体特征构成和走向的主要"支撑"线条，并对其进行提取。确定"支撑"线条可供参考的方法是以产品的功能域为基础提取产品构造线，如图 5-11 左图，以人机交互区域为基础，提起了三条构造简化形体的样条线；右图则是以产品工作域为基础提取了两条主要的构造样条线。

3. 产品线条特征的逼近性

工业设计是一项带着镣铐舞蹈的工作，它本身也是美学、工学、心理学等多个学科的交叉，本书提供了一种全新的通过科学数据分析，以产品表面样条线重设计为基础的产品改良设计方法，但这并不否认设计师作为设计工作主体，其个人审美情趣以及市场需求对产品带来的主观因素影响，相反，应该对这种主观因素影响予以充分的肯定和足够的尊重。工具的提出，只是为了辅助设计师更好的为其设计工作，尤其是有序的产品设计工作服务，其意义好比于排线手法对于素描、黄金分割对于平面构图的意义。

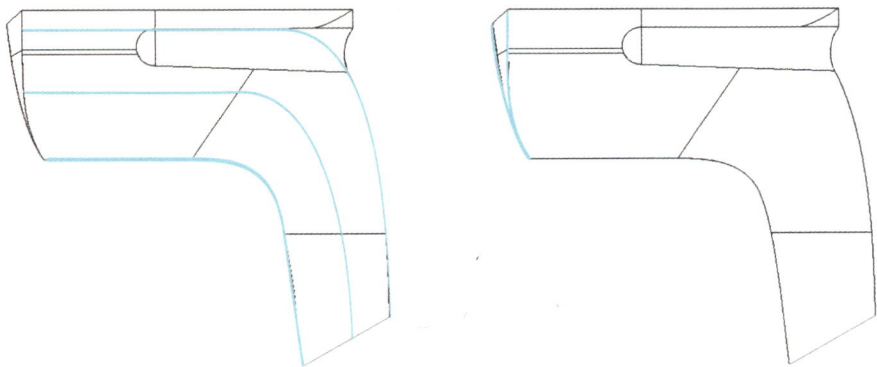

图 5-11 对简化后的基本形体进行主要线形的提取

在计算机图形学中，几乎每一种线条都有数学获取公式作为来源依据，但如果为了获取完全的秩序性而用数学公式来定义产品中的每一条线，那么设计将成为一项不亚于登月计划的复杂工程。即便实现，软件、测量、投影、加工、装备等设计环节中的多个误差都会将这一准确性大大削弱，因此，这里所提到的产品秩序性是在视觉审美可接受范围内的一种相对秩序。在产品线条提取中，要求构造一条曲线严格通过截取数据点是没有什么意义的，用曲线逼近构造样条线，而将更多的时间和精力放在产品表面整体样条线的和谐配置关系，以及主要样条线的美学意义上。

5.5　通过线的产品特征记录

在明确了产品表面样条线提取、"寻线"与"被寻线"界定和样条线的比对分析方法后，还需要解决一个问题：如何通过合理的方式对产品表面样条线进行分组。分组后的线条群组应能够在空间构成上，还原产品的基本形态，即产品的特征记录。"物以类聚，线以组分"，线条间的和谐性通常是对某一群组内线条的关系描述，为产品中每根线条赋予特定的身份归属（组别划分）方能有根有据对其进行优化。

5.5.1　产品表面样条曲线性质的群组划分

产品本身是个宽泛复杂的概念，在进行产品表面线条群组划分前，需要对产品进行一些分析，这样可以将线条分组的问题简化。对产品的划分可以根据产品的尺寸来设定，通常将产品分为三个级别：大尺寸产品如汽车、大型工业器械等；中尺寸产品如相机、电脑等；小尺寸产品如手机、剃须刀等。根据不同尺寸级别的产品我们将其表面线条的划分方法也做适当调整，以充分满足研究的方法需求。

大尺寸产品的整体特征比较鲜明，而且结构变化比较丰富，结构和结构之间差距也会相对较大。在划分产品表面线条是要依据以下几种基本原理：①与改良产品原型的保留性特征形态结构相关联的产品表面样条线可以划分为同组比较的寻线；②与产品内部不可变动构件的结构线条相关联的可以划分到同组寻线；③在系列化的产品中，如汽车等，可以将于传统系列化特征的线条相关联的线条划为同组寻线；④与产品表面装饰性纹案相关联的线条划分在同一组。大尺寸的寻线分组主要是以其结构特征和产品表面线性作为依据的。

中尺寸产品表面线条的特征比较明显，由于尺寸限制，产品表面的线条基本需要在一定的程度上相互参照相互融合，所以寻线的思想在中尺寸产品中能够很好地得到运用。中尺寸的产品线条划分过程中将产品表面线条按照一定的规律以级别的方式来划分。其中定义产品外轮廓线之间的能够成寻线关系的可划分为一级寻线；产品轮廓线以外的产品分割线或大转折的结构线，能够与产品轮廓线构成寻线关系的可划分为二级寻线；产品表面细节结构，包括便面装饰性图案、LOGO 等，能够与结构线构成寻线关系的划分为三级寻线。由于中尺寸产品的尺寸特点，所以相对来说结构细化程度基本可以通过三个级别概括完整，所以在寻线划分过程中只细化到三级寻线。

小尺寸的产品其最主要的特点就是微观化，这就导致人们看到的和需要分析的线几乎处在同一级别层面，而此时要面对的是线条本身的特质。在寻线划分的时候，可将产品表面的线条概括为 5 种互寻方式，分别为同向线、反向线、相对线、无关线、呼应线。

所谓同向线，就是两条互寻线的曲率半径中心在同一侧的，如图 5-12（a）所示；反向线，就是两条互寻线的曲率半径中心在相反外侧的，如图 5-12（b）所示；相对线，就是两条互寻线的曲率半径中心在相反内侧的，如图 5-12（c）所示；无关线，就是两条互寻线的曲率无法找到明确的几何联系的，如图 5-12（d）所示；呼应线，就是两条互寻线的形状有呼应关系的，如图 5-13 所示的紫色线条。

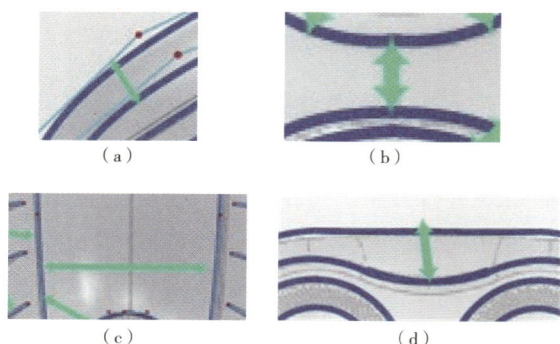

（a）

（b）

（c）

（d）

图 5-12

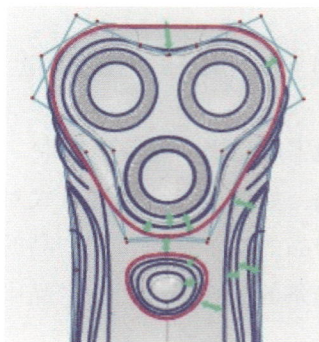

图 5-13

其采用的优先级别如图 5-14 所示。

需要提出的是，产品造型上除了一些看到的线以外，还有一些隐性的线条，它往往表达产品的动感方向和走势，被称之为精神线，如图 5-15 中的橙色线条，精神线往往是一个产品外形的第一感觉的主导，很重要，因此在改的时候要慎重再慎重。

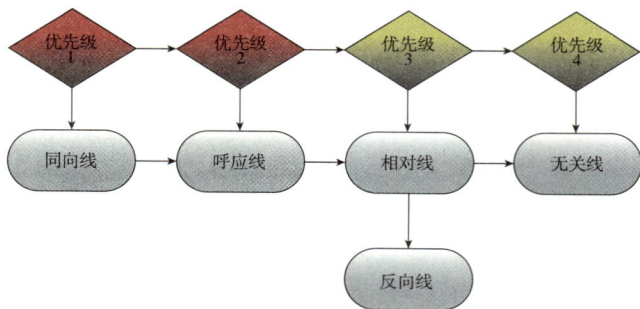

图 5-14

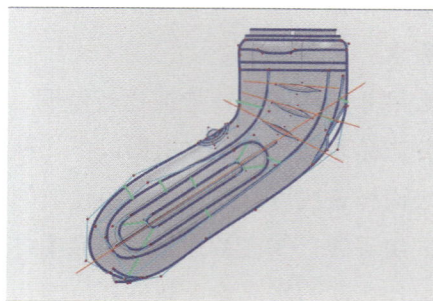

图 5-15

以上便是 3 种不同尺寸级别的产品，对其表面线条研究时划分寻线组的具体方式和方法。需要说明的是，所有的划分方法并不是严格而原则性的，在进行产品设计和改良的时候，设计师完全可以根据实际产品和客观环境要求以及设计师自己的个人理解和感受进行合理的划分。

5.5.2 案例分析

以剃须刀产品为例，阐述产品表面样条曲线性质的群组划分形式及其对产品线条优化的作用。

首先，根据 5.5.1 所述小尺寸产品 5

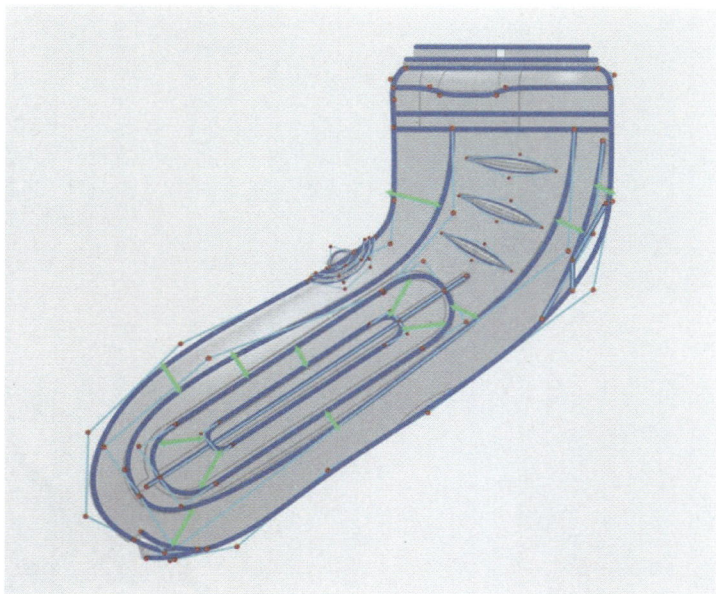

图 5-16　右视图

种互寻方，将产品表面线条两两分组，图 5-16 ~ 图 5-18 是对 3 个视图分别进行寻线分组的情况。

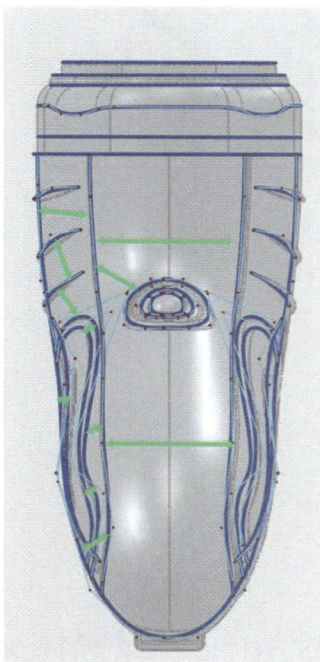

图 5-17　前视图

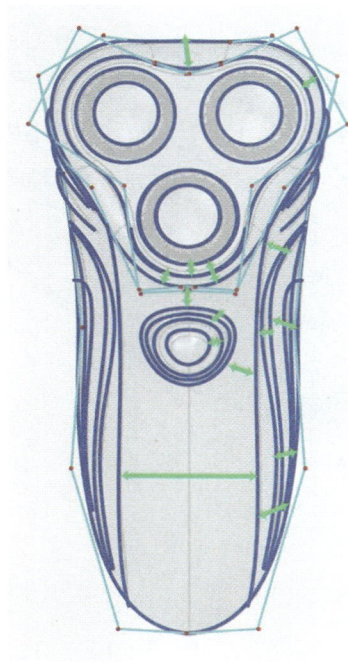

图 5-18　上视图

接着，将长度、角度的尺寸关系，依次标在寻线上，如图 5-19 ~ 图 5-21 所示。（各长度比和角度比的获得方法详见 5.4）。

然后，以前面提到的步骤为主线，分步对寻线进行优化设计，如图 5-22 所示。

最后，提出 17 个改进点，并且对其进行了优化设计。其中共有几种不同改进方式，但都是遵循上述的理论所进行的，如图 5-23 ~ 图 5-25 所示（其中橙色线条是设计后，蓝色线条是设计前）。

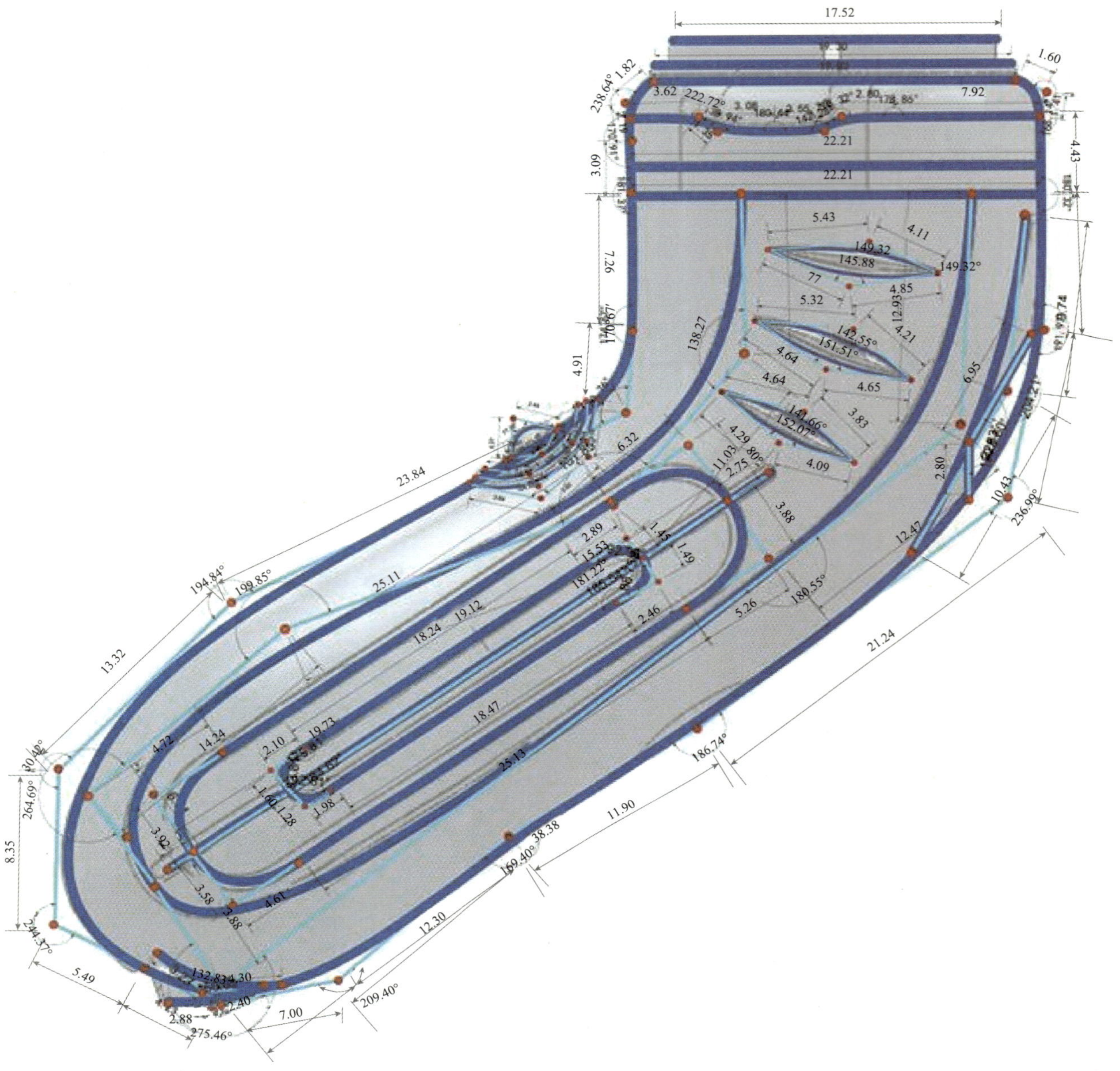

图 5-19

（1）第 1、2、3、4、7、8、9、10、13、17 点是对同向线进行优化，使其更符合美学审美。

其中第 1 点是与人手操作方式直接相关的，但是改动的方向是从凹陷改向更平坦，从人机工学上考虑，人的压感减小，是更符合人机工程的设计，并且向外拓的改动并不会对内部结构带来影响。

第 8 和第 9 点的改动，在优化同向线的基础上，共同作用使得这条结构线原本的 3 个波折减少到 2 个，因为曲线的波折越多，其力量感和弹性感都越弱，这与剃须刀本身所体现的精神相违。

（2）第 9、14、16 点是把反向线进行了修改，使其更和谐。其中第 14 点处的反向线强烈压缩，给人很挤压的视觉感受，把它向同向线的方向进行了优化。

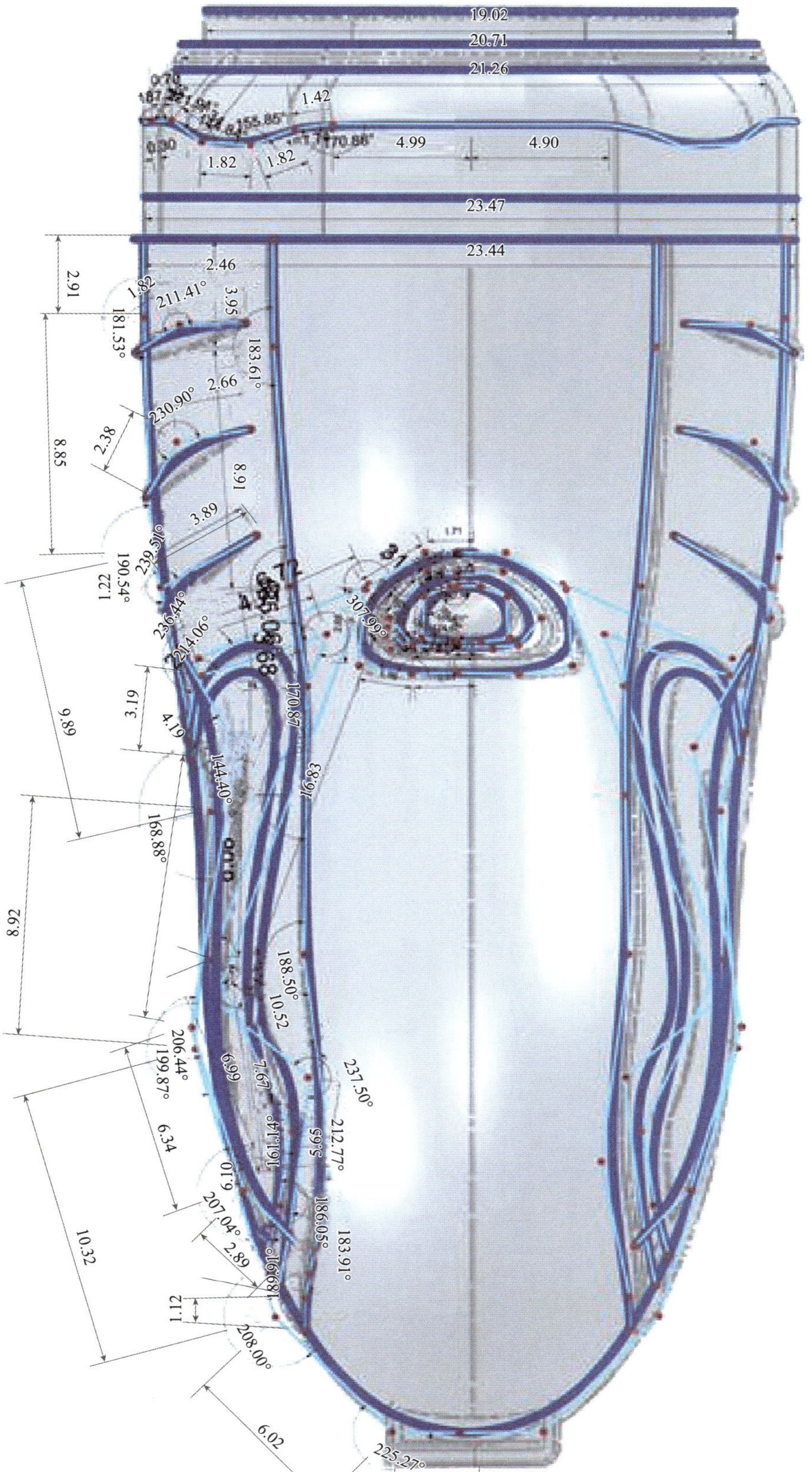

图 5-20

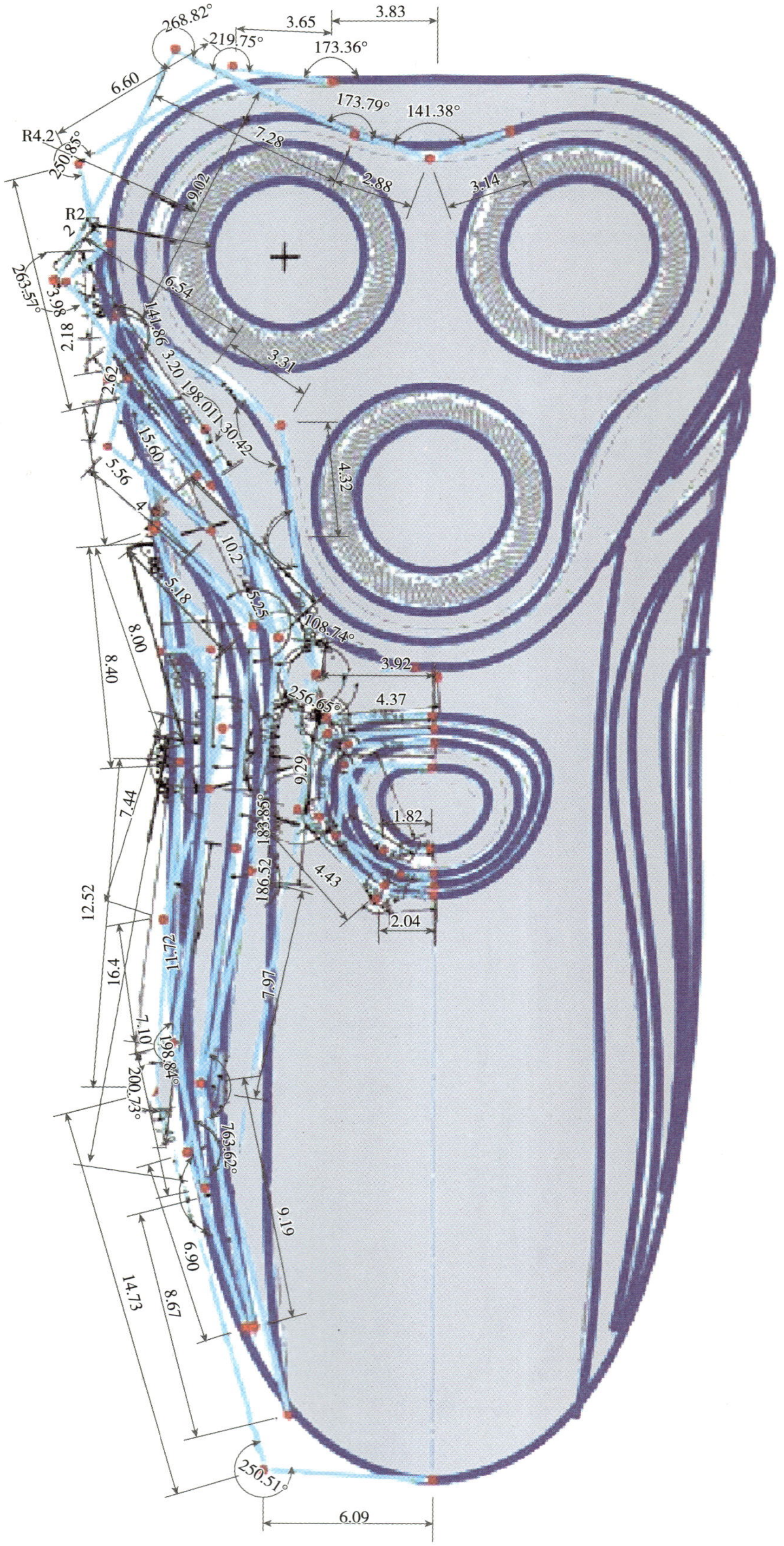

图 5-21

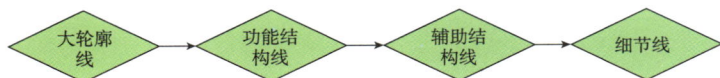

图 5-22

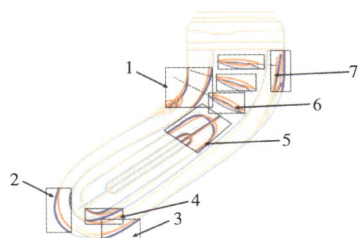

图 5-23

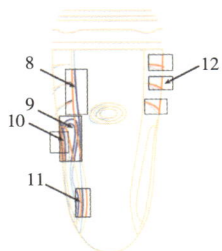

图 5-24

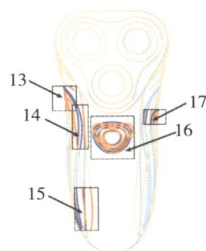

图 5-25

（3）第 8 点是把相对线进行了优化设计。

（4）第 11、15 点是将无关线去除，找到与其互寻的合适的方式。

（5）第 16 点是改反向线为呼应线，把按钮的形状和刀头的倒三角形进行呼应，使产品看起来更整体，增添了趣味和意味。

（6）第 5、6、12 点则是前面提到的精神线了，其中第 5 点的改动较大，结合了寻线优化同向线的原则和精神线的主导作用，把原本平行的两条直线轮廓，改成在精神线上向上靠拢的形态，增强了动势和速度感，并且也优化了与它互寻的结构线之间的关系。

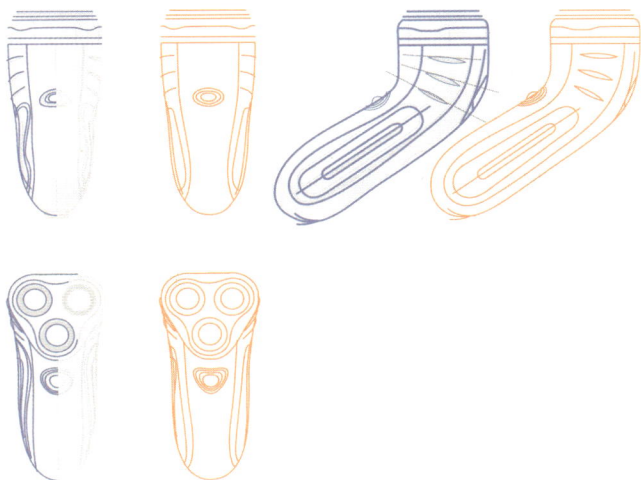

图 5-26

第 6 点则是应了其他曲线的改动，3 个防滑道设计原本是遵循了曲线法线的方向，同样，这里也就有细小的改动。

以下就是完整的优化后的新三视图方案，包括它与原来的对比图，如图 5-26 和图 5-27 所示（其中橙色线条是设计后，蓝色线条是设计前）。

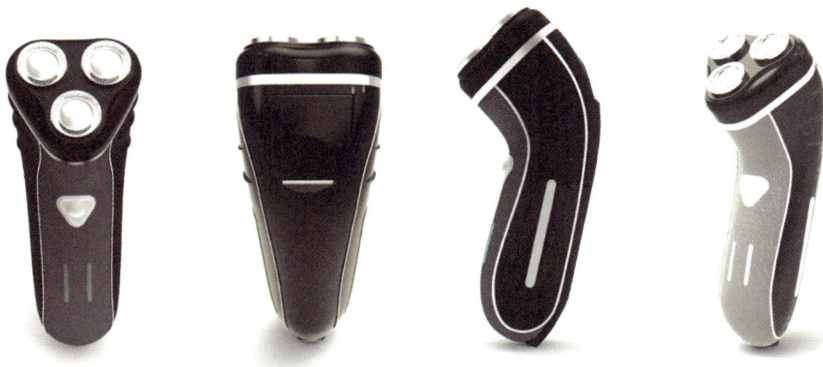

图 5-27　改良方案渲染图

5.6 产品线条活性概念

产品表面线条通过以上方法可以基本完成划分。接下来的研究就是针对每一划分组中线条的具体表现。在这个研究过程中会发现，很难寻找到某一严格的标准作为产品改良的依据，由于产品的多样化，产品表面线条便显出的特征也是多样的。然而在分析后建议提出活性的概念。

产品线条活性是针对不同产品，根据产品的设计理念和定位，由设计师加入主观感受，变现在产品表面线条上的一种特性。如德国的汽车设计中，多以低活性的寻线关系的线条呈现，目的是体现德国设计中稳重严谨的设计感受。而日系汽车相对来说产品表面的线条活性较大，使得整体产品体现出灵活休闲的感觉。当然，根据设计定位，同样会产生不同活性的寻线关系。

产品线条的活性关系是属于划分后的寻线组的特性，所以表现产品线条活性的数据就应用到前文说的寻线间角度和长度的比值。在针对某一特定产品分析时，提取出的产品寻线数值会表现出某一特定的活性范围，这个范围基本可以概括为该产品的活性区间，并可以作为产品设计和改良的依据，如图 5-28 所示。

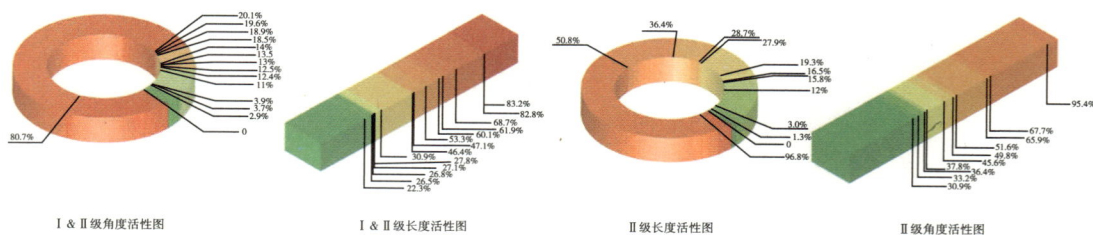

图 5-28

5.7 产品线条的优化

产品优化是在产品设计过程中，或是对已有产品的分析发现问题后，需要对产品进行改进优化的过程。因为设计本身是一个复杂的过程，对产品的评价标准也是一个多元化的思维方法，在产品优化过程中，实际上并没有严格统一的标准，只能针对产品所体现出的特征和产品本身具备的特性来做概括性的优化。这里，建议从宏观和微观的两方面对产品进行优化。

首先了解宏观层面的产品特征。正如前文提到的产品活性概念，所有的产品都是具有其特定的品质特性。这种特性往往表现为产品表面线条的不同活性特征。这种活性特征便是产品宏观所呈现的品质特性。在产品的改良优化过程中，有方向性地将产品表现需要变化的线条或是需要添加的附件控制在这一特定的活性范围内，相对地，这种改良方式将会是产品呈现出的客观状态更加和谐自然。

相对于宏观层面，微观优化是将宏观涉及不到的细节线条做方向性的优化。如产品本身会有一些标志 LOGO，这些元素是无法被改变的，这样会导致某些线条在活性范围内仍不能达到最佳状态，使得该处的形态出现突兀不自然的情况。针对这种情况，需要利用微观的具体线条的修改，使产品的每个角落都能够和谐统一起来。

案例分析——手持工具产品改良

1. 研究背景

锐奇（KEN）6310ER 手持电钻改良（见附图1）。

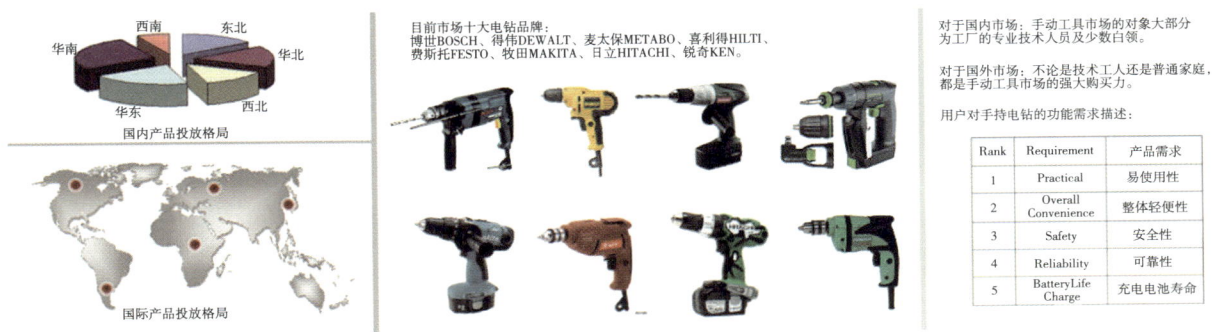

目前市场十大电钻品牌：
博世BOSCH、得伟DEWALT、麦太保METABO、喜利得HILTI、
费斯托FESTO、牧田MAKITA、日立HITACHI、锐奇KEN。

对于国内市场：手动工具市场的对象大部分
为工厂的专业技术人员及少数白领。

对于国外市场：不论是技术工人还是普通家庭，
都是手动工具市场的强大购买力。

用户对手持电钻的功能需求描述：

Rank	Requirement	产品需求
1	Practical	易使用性
2	Overall Convenience	整体轻便性
3	Safety	安全性
4	Reliability	可靠性
5	BatteryLife Charge	充电电池寿命

附图1

2. 研究方法

　　基于单元法和手部立体域展开。其中包括网格法、断面分析法和寻线法则。在断面分析过程中，将每个断面看作是一个单元，在单元基础上分析面与面之间的变化关系。利用寻线法则探寻人体手部与产品接触的人机关系，研究产品的表面线条与不同线条结构成面的关系与人在手握工具使用过程中的交互关系。

3. 研究创新性

　　通过基于单元法和手部立体域的设计研究，可推导出一系列方法从而对产品进行分析，其中网格法能够更加快速地将原产品转换为三视图形式，在改良后将产品三视图转换为空间的三维视图，同时在完成产品的初步设计后，将模型带入到网格单元中，通过调整三视图上的点从而调整三维模型的形态。

　　断面分析法与寻线法则为设计师提供细节设计的依据，应用上述方法可在满足人机交互的基础上对产品手持部分做更好的设计数据参照（见附图2）。

附图2

4. 基于网格法的研究

（1）网格法定义。

网格法是能够将完成二维的工程视图与正等轴测空间中三维视图转换的研究方法。通过还原产品到三视图状态，在各视图中以寻线法则研究产品构成线条的关系以完成产品的改良设计。在对产品的平面视图进行改良后，应用网格法重塑产品模型。

在平面与三维之间的转换过程中能够以点线关系控制三维视图的产品轮廓与面之间的变化。这种以线来呈现产品的方式使得在产品设计改良过程中，设计师对产品的表面线条认识更加快速直观，同时对产品精细设计前的初始状态在研究过程中会有更快速的认识。

（2）网格法研究工具。

工具的目的是将产品的三个平面视图分别转换为网格视图。工具由透明状，以条状塑料组成，其两端分别固定。使用时，通过转动一条竖直方向边线至底边与另一个竖直方向的边成 60°（见附图 3）。

工具使用示意及实物：

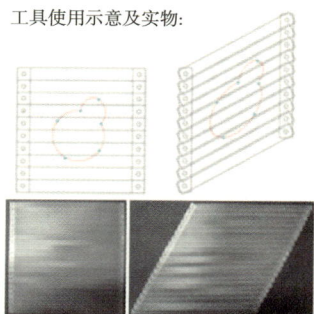

工具于正等轴测坐标轴中应用示意：

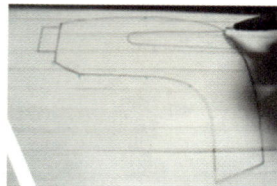

工具置于前视图上描点

扭转工具在正等轴测坐标轴的前视图中用描点法确定视图位置并以平滑曲线连接

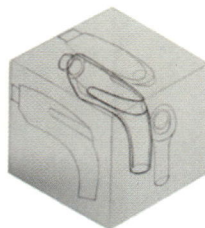

其他两个视图同，正等轴测坐标系中得到产品的正等轴测视图

附图 3

（3）方法流程。

通过 Adobe Photoshop 实现对手持工具在二维三视图到三维轴测图的精确转换（见附图 4）。

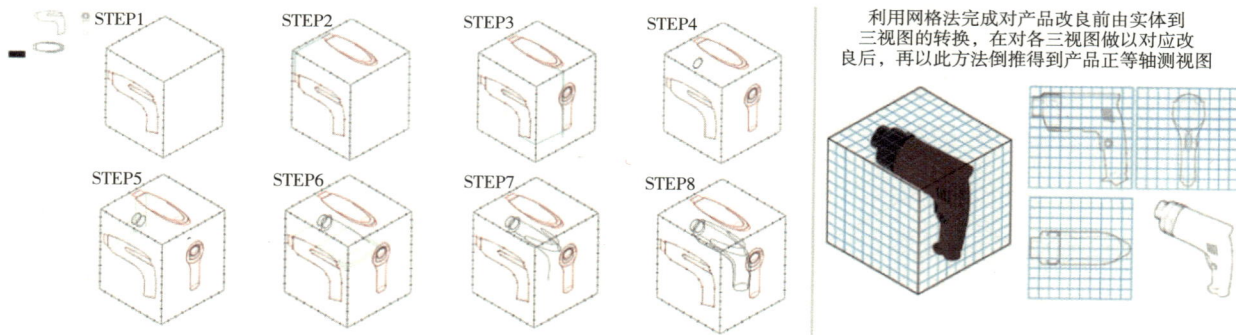

STEP1　STEP2　STEP3　STEP4
STEP5　STEP6　STEP7　STEP8

利用网格法完成对产品改良前由实体到三视图的转换，在对各三视图做以对应改良后，再以此方法倒推得到产品正等轴测视图

附图 4

5. 基于断面分析法的研究

（1）基于基本的产品六视功能面的产品空间关系研究（见附图 5）。

（2）对 BOSCH 与 KEN 的断面研究基于 CatalystEX 与 ViewCMB。在第一阶段基础上，改变对剖面的提取方法。剖面面积统计应用 AutoCAD（见附图 6）。

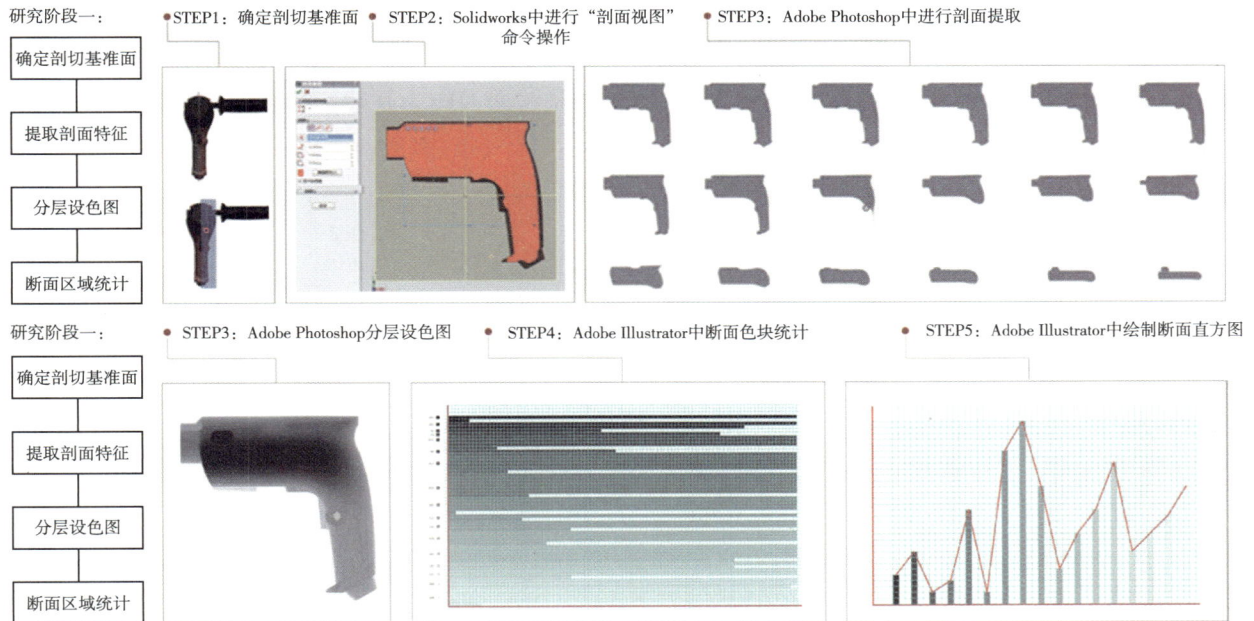

附图 5

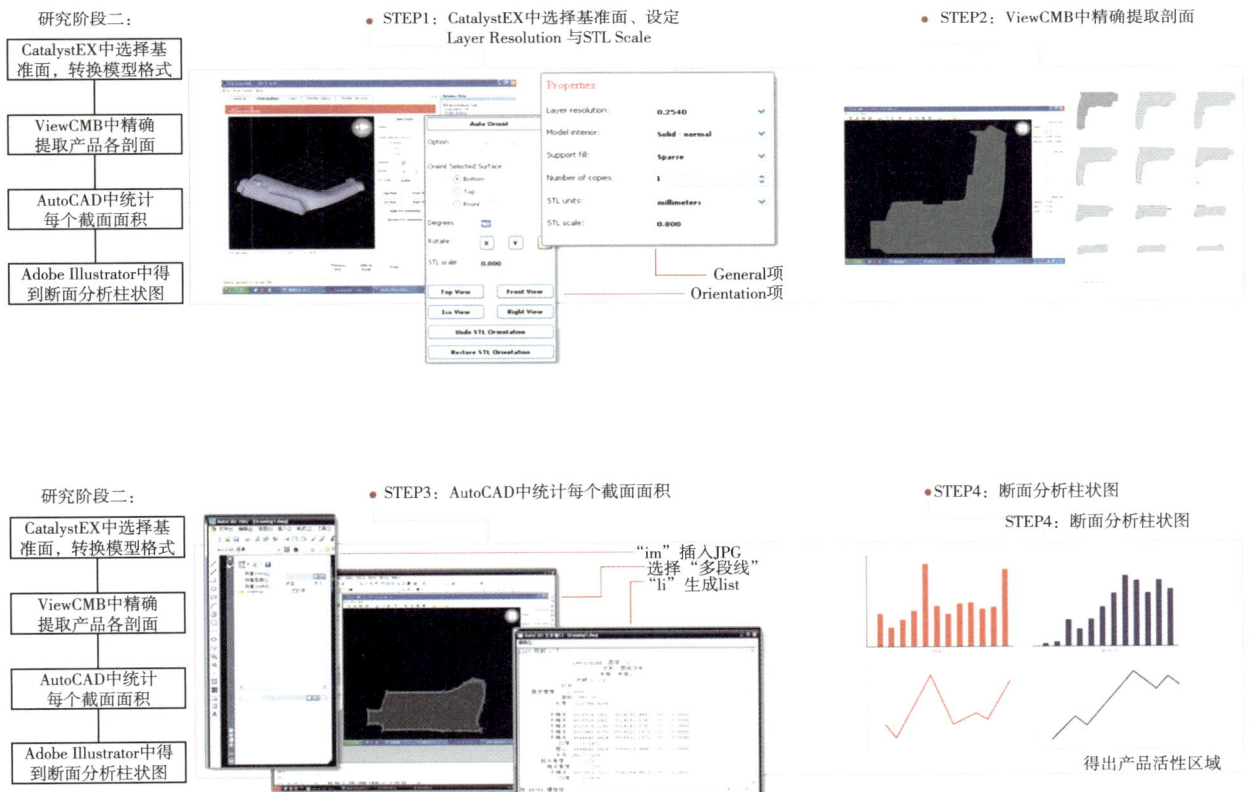

附图 6

6.寻线法则研究

定义产品外轮廓线之间的关系能够成为一级关系，如果一组轮廓线满足寻线关系，那么也可被称为"一级寻线"。

由于曲面变化明显，手持工具产品在不同视图中的结构曲线较为复杂。在应用寻线法则分析的过程中利用简化线条的方法，使得一根曲线最终达到只存在一个波峰或波谷。这样也确保在分析过程中，壳 Hull 的段数为确定的三段（见附图 7）。

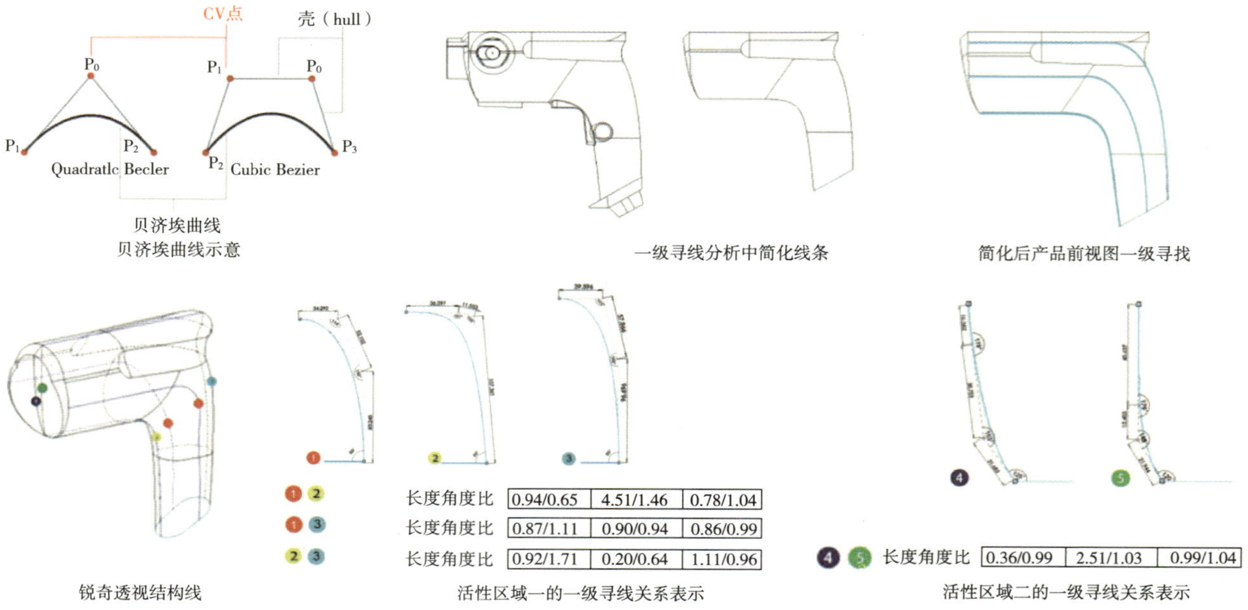

附图 7

锐奇手电钻长度比与角度比的数值分布得出后，与出现比值偏离 1 的位置。在产品中，线 2 的位置在手持开关模块处，正是因为功能模块的出现影响了此处一级寻线间的比值。

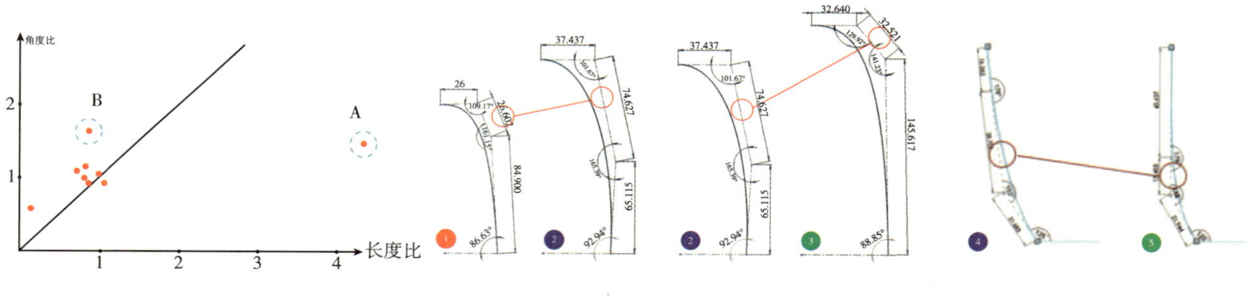

附图 8

对 BOSCH 的一级寻线长度角度比的分析在一定程度验证了 KEN 的数据得出推论。当有功能模块出现时，产品的一级寻线长度或角度比会在相应的位置出现偏离（见附图 9）。

功能模块的出现也会使产品表面出现新的线条，将临近一级寻线的线条归纳为产品的二级寻线。二级寻线与一级寻线间也有一定关系存在（见附图 10）。

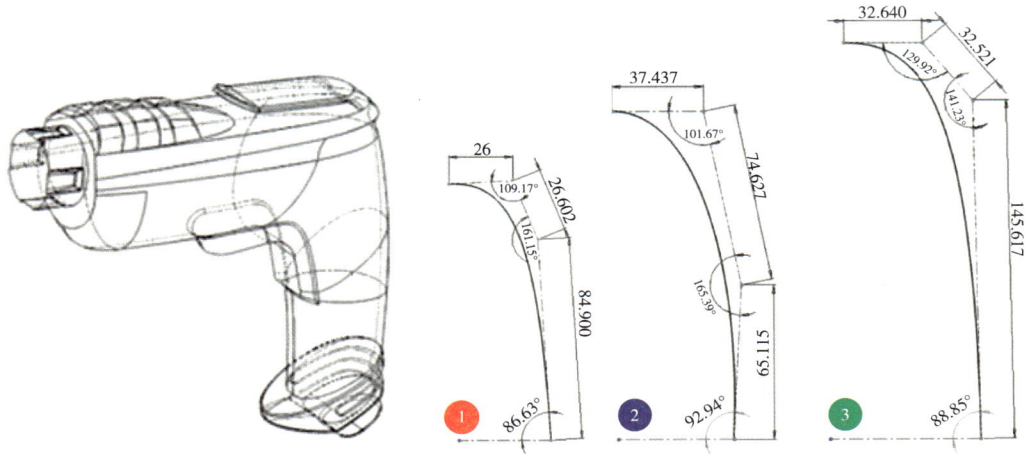

附图9

		长度角度比			
①	②		0.69/1.07	0.36/0.97	1.30/0.93
①	③		0.80/0.84	0.82/1.14	0.58/0.98
②	③		1.15/0.78	2.29/1.17	0.45/1.05

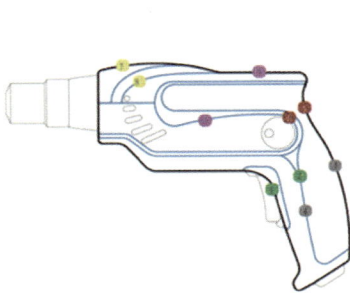

提取分析Ⅰ&Ⅱ级线条

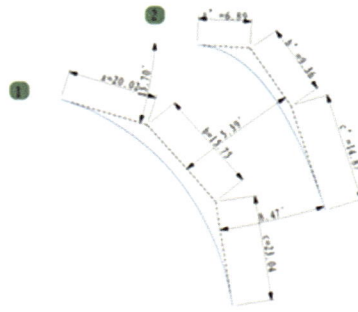

产品Ⅰ&Ⅱ级寻线1&2线条关系表示

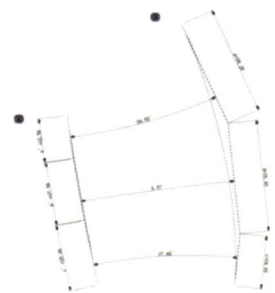

产品Ⅰ&Ⅱ级寻线3&4线条关系表示

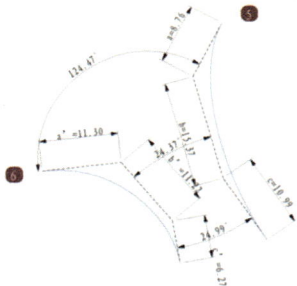

产品Ⅰ&Ⅱ级寻线5&6线条关系表示

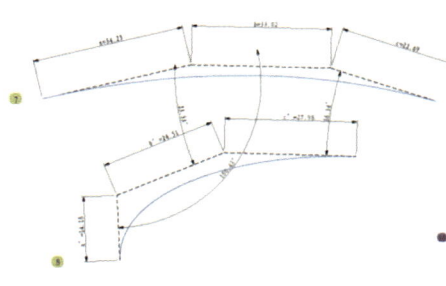

产品Ⅰ&Ⅱ级寻线7&8线条关系表示

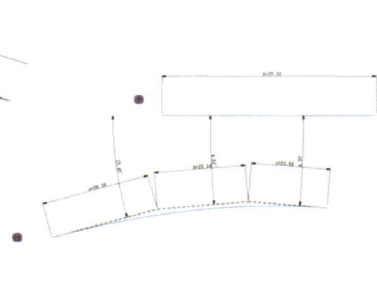

产品Ⅰ&Ⅱ级寻线9&10线条关系表示

二级寻线与一线寻线长度角度间关系数据

产品Ⅰ&Ⅱ级寻线1&2线条关系数据表		
θ(a,a')=13.70°	θ(b,b')=15.75°	θ(c,c')=23.04°
η=a/a'=2.91	η=b/b'=2.00	η=c/c'=1.55

产品Ⅰ&Ⅱ级寻线5&6线条关系数据表		
θ(a,a')=124.47°	θ(b,b')=24.37°	θ(c,c')=24.99°
η=a/a'=0.77	η=b/b'=1.37	η=c/c'=1.75

产品Ⅰ&Ⅱ级寻线7&8线条关系数据表		
θ(a,a')=100.43°	θ(b,b')=23.53°	θ(c,c')=16.14°
η=a/a'=2.42	η=b/b'=1.35	η=c/c'=0.81

产品Ⅰ&Ⅱ级寻线9&10线条关系数据表		
θ(a,d')=15.49°	θ(b,d')=4.82°	θ(c,d')=4.59°
η=d/3a=0.65	η=d/3b=0.78	η=d/3c=0.90

产品Ⅰ&Ⅱ级寻线3&4线条关系数据表		
θ(a,a')=16.82°	θ(b,b')=3.57°	θ(c,c')=17.42°
η=a/a'=2.41	η=b/b'=1.80	η=c/c'=0.79

附图10

　　二级寻线与二级寻线长度角度间关系数据。产品的内容丰富便会导致二级寻线之间存在比较多元的寻线关系。产品二级寻线之间的寻线关系主要存在于前视图中产品曲面变化得到的表面线条与产品区域功能模块线条间，如产品 LOGO 与产品表面非轮廓线的较活泼曲线。在同一视图上如果产品的一级寻线与其相邻线条角度差异很大，在二维设计中，通过在两线中间添加另一根二级曲线可使不同段线的角度均匀过渡，在三维设计中体现在曲面的突变（见附图 11）。

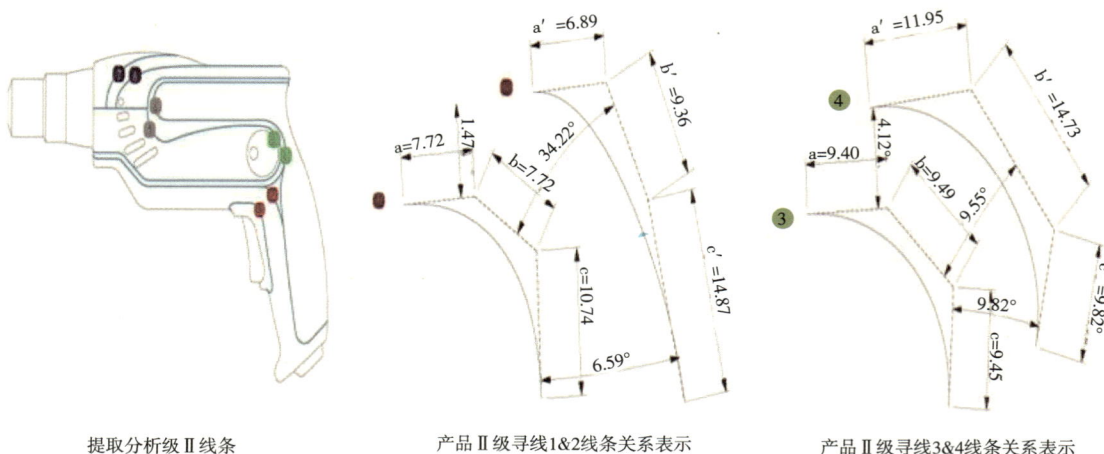

| 提取分析级Ⅱ线条 | 产品Ⅱ级寻线1&2线条关系表示 | 产品Ⅱ级寻线3&4线条关系表示 |

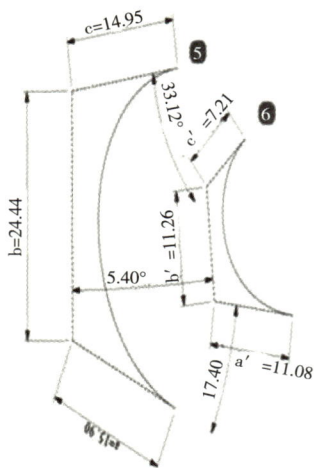

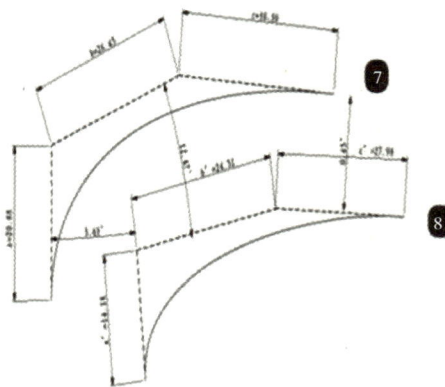

| 产品Ⅱ级寻线5&6线条关系表示 | 产品Ⅱ级寻线7&8线条关系表示 |

产品Ⅱ级寻线1&2线条关系数据表		
$\theta(a,a')=1.01°$	$\theta(b,b')=34.22°$	$\theta(c,c')=6.59°$
$\eta=a/a'=1.12$	$\eta=b/b'=0.82$	$\eta=c/c'=0.72$

产品Ⅱ级寻线3&4线条关系数据表		
$\theta(a,a')=4.12°$	$\theta(b,b')=9.55°$	$\theta(c,c')=9.82°$
$\eta=a/a'=0.79$	$\eta=b/b'=0.67$	$\eta=c/c'=0.99$

产品Ⅱ级寻线5&6线条关系数据表		
$\theta(a,a')=17.40°$	$\theta(b,b')=5.40°$	$\theta(c,c')=33.12°$
$\eta=a/a'=1.43$	$\eta=b/b'=2.17$	$\eta=c/c'=2.07$

产品Ⅱ级寻线7&8线条关系数据表		
$\theta(a,d')=5.63°$	$\theta(b,d')=12.47°$	$\theta(c,d')=0.45°$
$\eta=d/3a=1.47$	$\eta=d/3b=1.08$	$\eta=d/3c=1.08$

寻线数据归类分析　根据 $\alpha_m=\dfrac{\eta_m}{MAX(\eta_1,\eta_2\cdots,\eta_m)}\times100\%$ 得出区域相对长度活性

根据 $\beta_m=\dfrac{\theta_m}{MAX(\theta_1,\theta_2\cdots,\theta_m)}\times100\%$ 得出区域相对角度活性

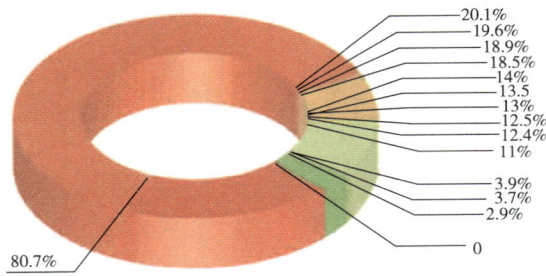

I & II 级角度活性图

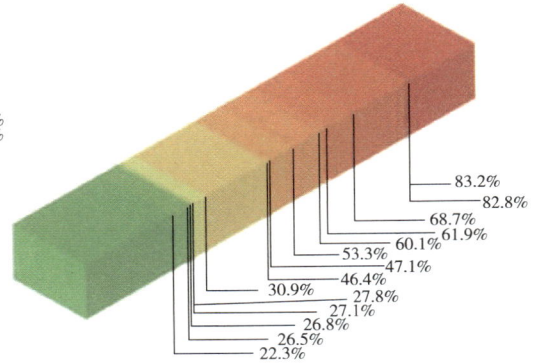

I & II 级长度活性图

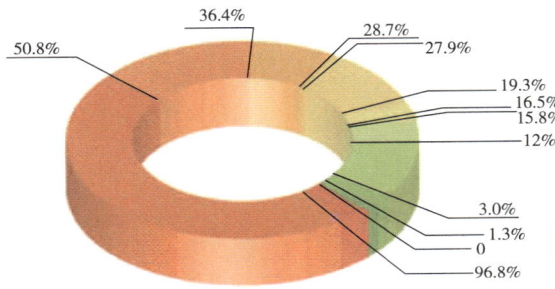

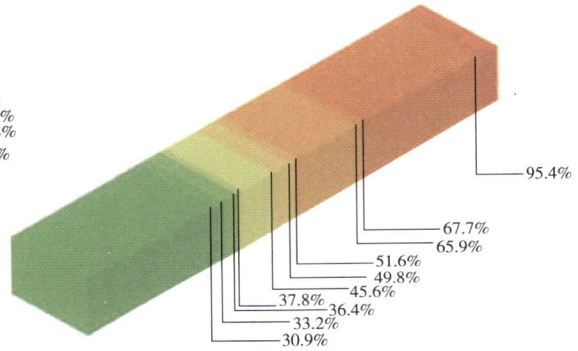

II 级长度活性图

II 级角度活性图

附图 11

7. 产品改良方案分析

（1）改良部分明细图（见附图 12）。

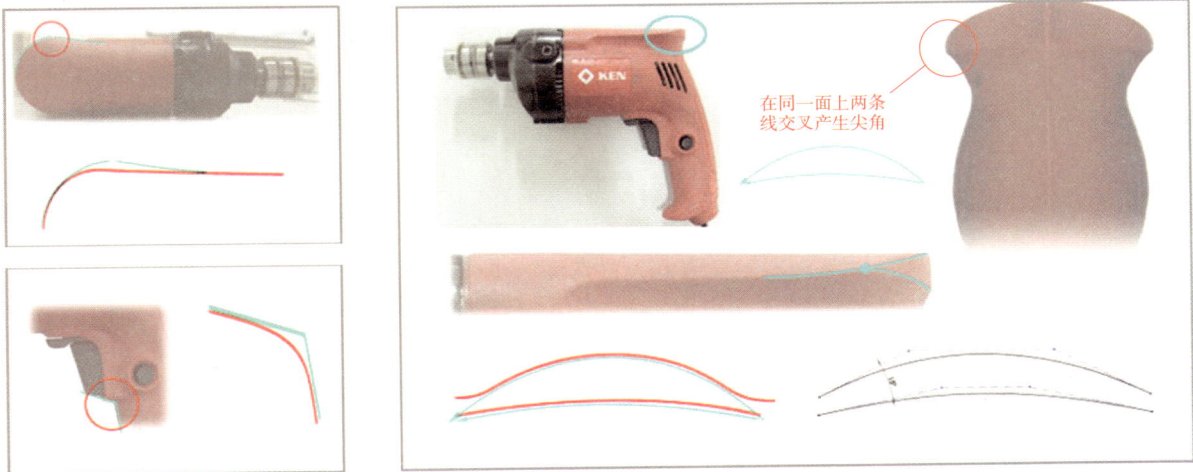

在同一面上两条
线交叉产生尖角

附图 12（1）

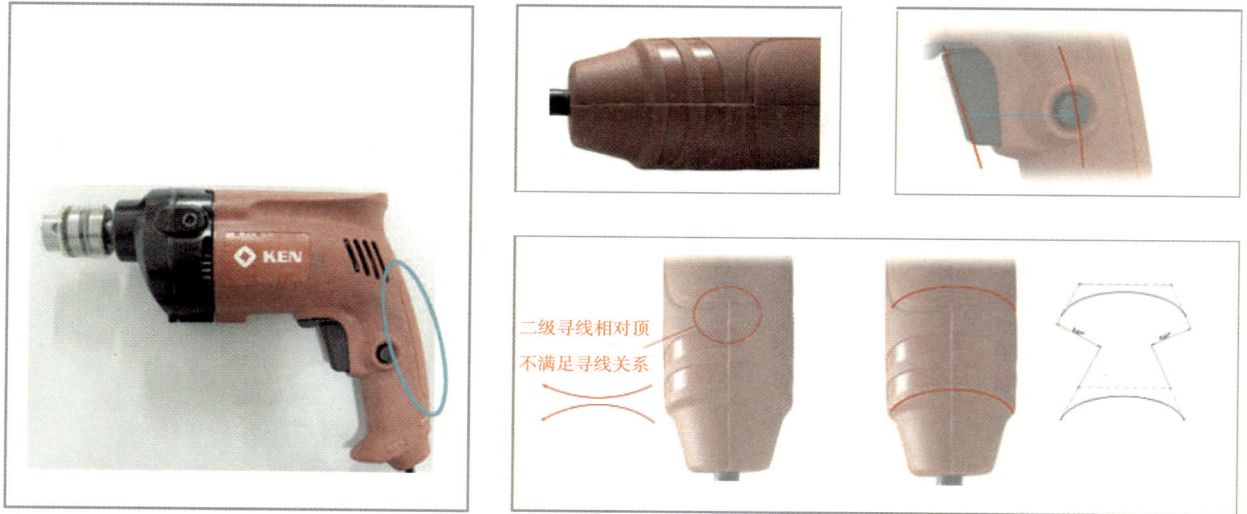

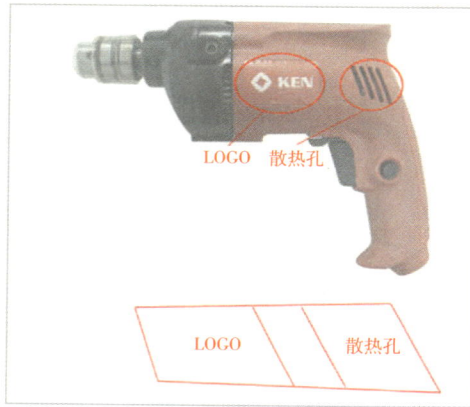

二级寻线相对顶
不满足寻线关系

LOGO 散热孔

LOGO 散热孔

附图 12（2）

（2）产品部分改良草图（见附图 13）。

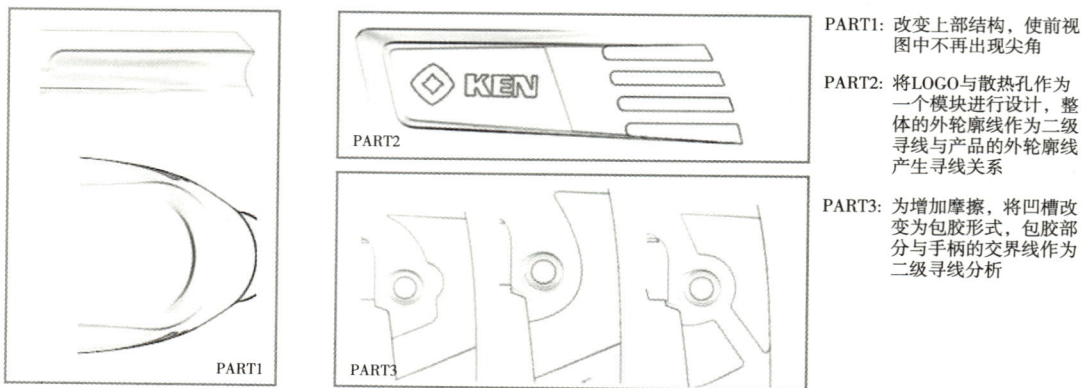

PART1：改变上部结构，使前视
图中不再出现尖角

PART2：将LOGO与散热孔作为
一个模块进行设计，整
体的外轮廓线作为二级
寻线与产品的外轮廓线
产生寻线关系

PART3：为增加摩擦，将凹槽改
变为包胶形式，包胶部
分与手柄的交界线作为
二级寻线分析

PART1

PART2

PART3

附图 13

1）产品柄部分析一。图中红色的包胶形态轮廓线也不能构成产品内外两侧轮廓线的过渡。首先，由两根曲线搭接起来的新曲线应用在手持工具中不能有力的表现产品的刚性。由于手持工具的功能性，在人的视觉层面，尤其是柄部要给人一种踏实，能够较大受力的视觉体验。但此时，两根曲线的组合柔化了手持工具产品的性格。此外，形态曲线与横向夹角过小，给人以不稳定的感觉。从整体观察，在柄部按照方案一进行包胶并不能在柄部形成视觉重心（见附图14）。

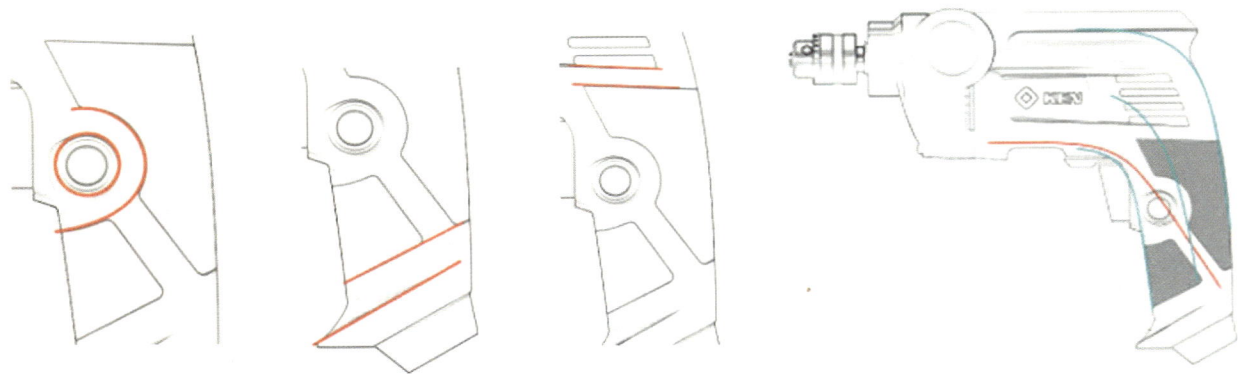

附图14

2）产品柄部分析二。包胶产生的形态线与产品柄部对应线条均成寻线关系，该种为传统中庸的包胶方式，视觉上并无冲击力。横向上，包胶区域阻断了产品红色区域的延伸性，略死板（见附图15）。

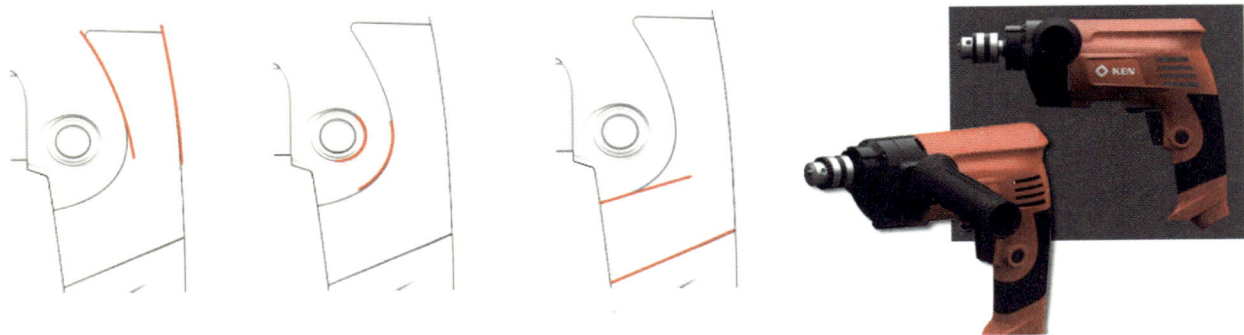

附图15

3）产品柄部分析三。在色彩上缺口部分的出现在视觉上与手持工具整体部分形成了一条与外轮廓趋势相同的曲线。柄部包胶的黑色部分增加了工具的重量感。在一定程度上对用户产品的信任度有积极的影响。由于色彩上趋势线的出现，使得工具在形态上出现了延伸感。使手持工具在线条上更流畅。在手持工具的使用中，该设计方案也能在产品语意上起到积极的作用，更有动力（见附图16）。

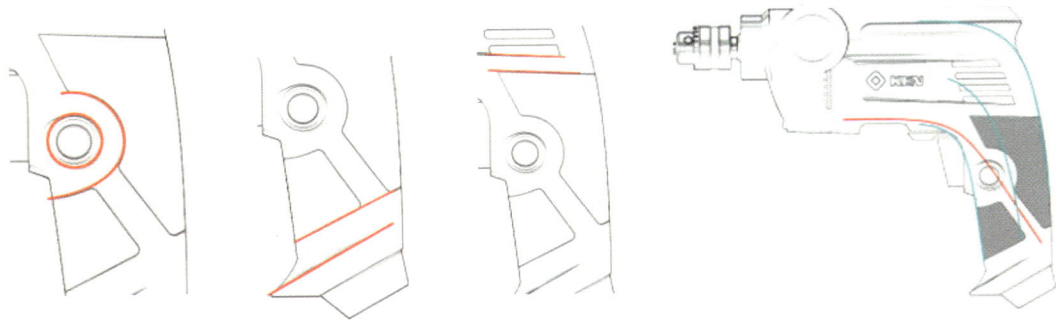

附图16

（3）改良方案展现（见附图 17）。

● 产品三视图生成　　　　● 应用网格法将三视图转换为三维视图　　　● 细节设计

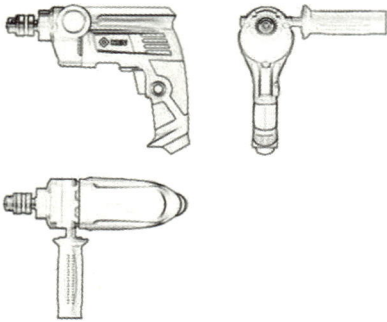
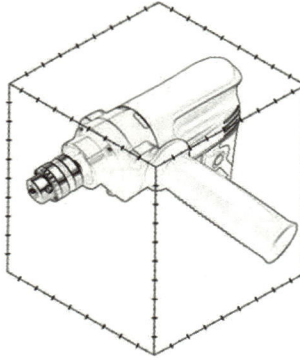
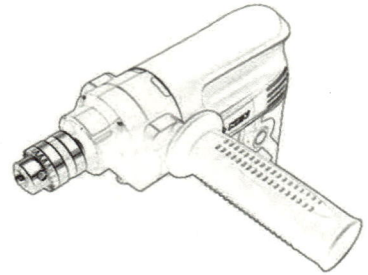

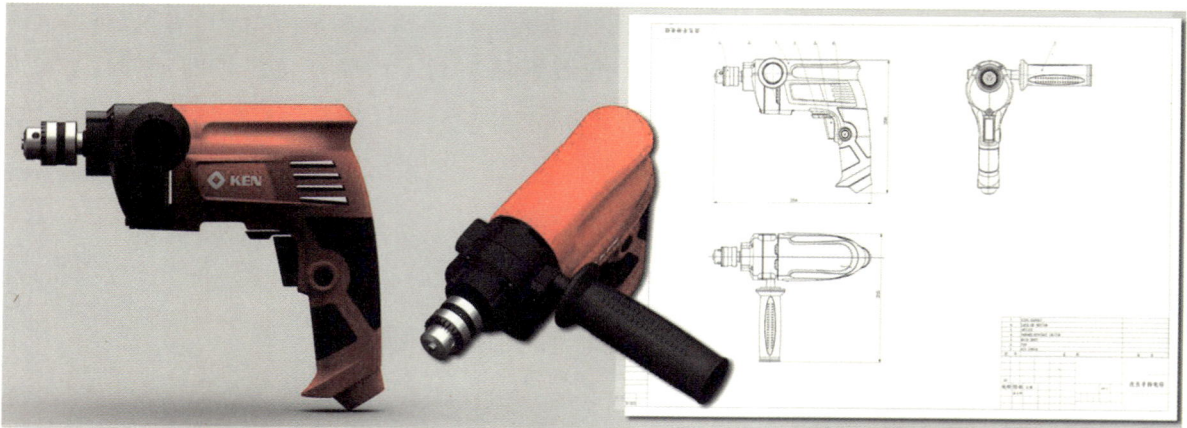

附图 17